KB128785

성곽 답사 여행

성곽이 지켜낸 역사를 따라 걷는 길

임영선 글 · 사진

주류성

성곽 답사 여행

성곽이 지켜낸 역사를 따라 걷는 길

임영선 글 · 사진

여는 글

닮음만 있을 뿐 같음은 없더라

아버지의 아버지의 아버지의 아버지란 표현을 사용한다. 한마디로 말하면 조상인데 굳이 아버지를 여러 번 나열했을까? 그것은 조상이란 단어를 사용하면 그 의미가 하나이지만 아버지의 아버지의 아버지의 아버지는 아버지 한 분 한 분 그 존재의 의미는 다 다르기 때문이다.

성곽도 마찬가지다. 돌이나 흙을 가지고 울타리 모양으로 쌓은 성벽이나 출입구인 성문 그리고 방어를 위해 주위에 파 놓은 해자 등 현재 우리나라에 산재해 있는 성곽들은 대부분 비슷비슷한 구조라서 성곽의 모양은 모두 같을 거라 생각하기 쉽다. 또 성곽은 관방유적이라 축성 목적이 같아서 모든 성곽을 하나의 의미로 받아들이는 것도 무리는 아니지만 성곽 하나 하나를 살펴보면 그 속엔 제각기 다른 역사와 다른 아픔이 담겨져 있다.

성곽을 찾아다닌 지 어언 10년이 지나간다. 성곽 답사의 시작은 단순한 등산이었다. 땀 흘려 정상에 도착하니 돌무더기가 쌓여 있었다. 오르기도 힘든 곳에 커다란 돌로 쌓은 성곽을 보니 나에게 무언가 이야기를 하고 싶어 하는 느낌을 받았다. 가까이 다가가 이끼가 잔뜩 낀 성벽을 손으로 가만히 더듬듯 어루만져 보았다. 따스함이 느껴졌다.

본격적으로 성곽을 찾게 되었다. 취미가 산에 오르는 것이니 기왕이면 성곽이 있는 산을 오르는 계획을 세우고 성곽에 관련된 책을 사서 주말이면 성곽을 찾아 나섰다. 산을 오르다 뱀을 만나기도 하고 땅벌을 피해 그냥 하산한 적도 있었다. 고라니나 노루는 사람을 보면 도망가지만 미련한 멧돼지는 눈을 흘기고 지나가기 때문에 놀란 적도 많았다. 마을 가까이 있는 야산의 토성을 찾을 때면 마을 사람들의 눈총을 받은 때도 있었다.

오솔길을 걸으며 담소를 나누듯 편한 책

답사를 하면서 글을 쓰겠다는 생각은 하지 않았다. 한 번 두 번 씩 함께 답사에 나선 친구들의 권유로 책을 쓰기 시작하였다. 처음에는 사진 찍는 법을 배워 사진을 위주로 책을 엮으려고 했다. 그러나 시간이 지나갈수록 조금씩 하고 싶은 말들이 생기기 시작했다. 그래서 조금은 부담감을 갖고 글을 쓰다 보니 나에게 건강과 함께 즐거운 꺼리를 선사하였다.

그러다 이곳저곳에 투고를 하여 활자화 된 글을 읽어 보니 마음에 차지 않았다. 다 써 놓은 원고를 대대적으로 수정하였다. 오솔길을 걸으며 담소를 나누듯 편하게 읽을 수 있는 글로 바꾸어 나갔다. 역사를 전공한 것이 아니니까 객관적인 내용보다는 자유로운 나의 생각을 담아 보고자 하였다. 그래서 성곽의 규모나 형태는 주로 성곽 안내판을 참고하여 길지 않게 쓰고, 전해져 오는 이야기들은 책을 찾아 짧게 줄였다. 그리고 성곽 주변에 사는 주민들의 이야기도 글 속에 담았다. 답사할 때 만난 동네 어르신들께 들은 향토사학자 수준의 지식은 글 쓰는데 많은 도움이 되었다.

책은 세부분으로 나누어 썼다. 1부는 성돌 하나하나에 남아 있는 조상의 숨결을 이야기 했고 2부에서는 승전과 패전의 역사를 통해 조상의 고단한 삶을 생각해 보았다. 3부에서는 우리 주변의 쉽게 답사할 수 있는 성곽을 소개하면서 독자로 하여금 성곽 답사에 대한 호기심을 유발시키려 했다

요즈음 답사를 가면 변화된 모습들을 볼 수 있어서 즐겁다. 논산의 노성산성은 남문터가 발굴되어 원형에 가깝게 복원해 놓았고, 고창의 무장읍성은 남문인 진무루 앞에 옹성을 새로 쌓아 웅장하게 복원해 놓았다. 특히 오래된 안내판을 보기 좋게 교체한 것을 볼 때 문화재에 대한 인식이 바뀌어 간다는 것에 기쁨을 느꼈다. 더 반가운 것은 성곽을 찾는 가족 단위의 답사객들이 늘었다는 것이다. 김해 분산성에서 아버지가 딸에게 손가락으로 일일이 가리키면서 성곽을 소개하는 모습은 지금도 잊을 수 없다.

건강과 함께 온고지신의 지혜를 찾는 일

성곽 답사를 권해본다. 가장 좋은 것은 건강해진다는 것이다. 우리나라는 주로 산성이기 때문에 답사하려면 산을 오르게 된다. 그리고 성이 있는 곳은 전망이 좋아 가장 아름다운 풍경을 감상할 수 있다. 또 성곽 길은 주로 오솔길인 경우가 많아 부담 없이 가까운 사람들과 담소를 나누며 걸을 수 있어서 정신 건강에도 많은 도움을 준다.

성곽이 갖고 있는 학문적인 지식들은 조금 소홀히 해도 크게 염려되지 않는다. 오래된 성벽에서 조상의 따뜻한 마음과 나라를 위해 노심초사했던 조상의 염원들을 공유하면 된다. 그리고 우리 자식들에게 온고지신의 지혜를 유산으로 남겨주면 될 것이다.

끝으로 오랜 시간 동안 사고 없이 답사할 수 있게 건강을 허락하신 하나님께 감사드리고, 주말마다 배낭을 메고 나가는 남편을 이해해준 아내 김미경, 원고 교정을 도와 준 딸 경나와 항상 미소를 지으며 무언의 응원을 보낸 아들 정모에게 고마움을 전한다. 또한 부족한 글과 사진을 멋진 책으로 만들어 주신 주류성출판사 최병식 사장님, 이준 이사님께 진심으로 감사드린다. 그리고 글을 쓸 때 마다 읽어주고 자신감을 불어 넣어준 오영걸, 이재호, 현혜정 선생님, 사진작업을 도와주신 박동철, 이상권님, 좋은 친구들인 비츠로사진회 회원들께도 꾸벅 인사드린다.

목 차

1부 _ 먼 옛날 그 곳에 성곽이 있었네

2부 _ 우리 삶을 지켜온 생존의 울타리

3부 _ 고개 돌리면 바로 거기 성곽이 있네

제 1 부

[먼 옛날 그 곳에 성곽이 있었네]

지금은 비록 무너졌지만 성곽은 생존이었다.

찾아가기도 어려웠는데 쌓기는 오죽 힘들었을까!

성돌 하나하나에 거친 숨소리가 남아 있다.

조상의 그 숨결이 있었기에

우리가 이 땅에 존재하는 것은 아닐까?

촘촘하게 쌓은 온달산성 성벽

1500년 전 온달장군이 쌓은 고구려 산성

단양 온달산성

충청북도 단양군 영춘면 하리에 있는 온달산성은 길이 682m의 소규모 산성으로 삼국시대 때 고구려 온달장군이 신라군의 침입을 막기 위해 쌓은 것으로 전해온다. 문터의 형식과 동쪽문의 돌출부 등은 우리나라 고대 성곽에서 드물게 보이는 양식으로 평가받고 있다. 사적 제 264호이다.

출처 온달산성 안내판

온달산성에서는 남한강과 단양시내가 한눈에 조망된다.

온달산성의 성문은
통행을 위한 보조시설을
갖춘 것으로 알려졌다.

생명의 근원이었던 남한강

제천에서 시외버스를 타고 단양에 도착하니 남한강이 눈에 들어왔다. 고수대교 아래로 흐르는 물길이 유유자적해 보였다. 충주호 때문이리라. 단양은 충주댐이 만들어질 때 지대가 낮아 물속에 잠기게 되어 지대가 높은 곳으로 옮겨 다시 도심을 건설했다. 그러니 옛 단양은 물속에 잠기고 지금의 단양은 신 단양이다.

남한강은 단양을 싸고 흐른다. 온달산성 가는 길도 단양읍에서 가곡면을 지나 영춘면까지 남한강 물길을 따라 만들어져 있다. 산성으로 가는 버스의 차창 너머로 오랜 세월 흥망성쇠를 지켜본 강물이 입을 꾹 다문 채 조용히 흐르는 모습을 볼 수 있다.

강은 생명을 잉태하였다. 인간은 강을 중심으로 마을을 만들었고, 또 그 강을 의지하며 살아갔다. 그 옆으로 또 하나의 마을이 형성되었다. 강은 이렇게 여러 갈래로 펴져나간 마을들을 이어 주었다. 세월이 흐르자 잘 사는 마을이 생기고, 못 사는 마을도 생겼다. 마을에 격차가 생기자 더 잘 살기 위한 욕심이 칼을 들게 만들었다. 생명의 근원이었던 강에서 싸움이 벌어졌다. 한동안 강물은 푸른 물이 흐르기보다는 붉은 물이 더 자주 흘렀다. 그러나 강은 모든 것을 포용했다. 그리고 말없이 흘렀다.

1,500여 년 세월을 견디고 선 성벽. 석회암과 사암을 이용해 축조했다.

바보온달과 평강공주의 애틋한 사랑이야기

온달산성은 고구려의 온달장군이 쌓았다고 한다. 온달장군의 이야기는 『삼국사기』 열전 온달조에 전해지는데 역사라기보다는 설화적 요소가 강하다는 생각이 든다.

온달은 어린 시절 아버지가 안 계셔서 집안이 몹시 가난하였다. 눈먼 어머니를 봉양하기 위하여 거리를 다니며 걸식을 하였다. 못 생긴 데다 우스꽝스러워 보여 사람들이 바보온달이라고 불렀다.

그러다가 평강공주를 만났다. 평강공주는 어린 시절 자주 울어서 바보온달에게나 시집을 보내야겠다던 아버지 평원왕의 말을 그대로 믿었다. 평강공주는 아버지의 만류에도 불구하고 온달과 결혼하였다. 한 나라의 부마가 된 온달은 그때부터 무예를 배워 전쟁터에서 공을 세웠다. 결국, 왕의 사위로 인정받고 장군이 되었다.

590년 영양왕이 즉위하여 신라에게 빼앗긴 한강유역 탈환을 위해 출정하려고 "신라가 한강 이북의 땅을 빼앗아 군현을 삼아 백성들이 심히 한탄하고 있습니다.

저는 일찍이 부모의 나라를 잊은 적이 없습니다. 대왕께서 어리석은 저를 못나게 여기지 않으신다면 군사를 주시기 바랍니다. 가서 반드시 땅을 되찾아오겠습니다."라고 온달장군이 아뢰었다. 왕이 허락하였다. 장군은 떠나면서 "계립현과 죽령 서쪽의 땅을 귀속시키지 않으면 돌아오지 않겠다"고 맹세하였다. 하지만 온달장군은 신라 군사들과 싸우다가 화살에 맞아 죽었다.

온달장군의 시신을 안치한 관이 움직이지 않았다. 사랑하는 평강공주를 두고 죽기가 안타까웠던지 관은 꼼짝도 하지 않았다. 평강공주가 와서 관을 어루만지면서 "죽고 사는 것은 하늘에 달렸으니 돌아갑시다"고 말하자 비로소 온달장군의 관이 움직였다고 한다.

조그만 틈도 허용하지 않고 축성한 천혜의 요새

단양군 영춘면에 관광지로 개발한 연개소문 드라마 촬영지를 지나면 온달산성으로 오르는 길이 나타난다. 이 길은 비좁은 등산로가 급경사로 이루어져 있었다. 옛날 등짐으로 돌을 져 날랐던 조상들의 고생을 생각하면서 참고 올랐다.

숨이 가빠지고 등에 땀이 흐르고 물 한 모금을 마시고 싶을 때 정자가 눈에 보였다. 사모정이었다. 이곳이 평강공주가 온달장군의 관을 움직이게 했던 장소라고 한다. 사모정은 복원된 것이었다. 바닥이 시멘트로 되어 있어 안타까운 느낌이 들었다. 사모정 안의 현판에는 온달장군을 위한 진혼곡이라는 글이 걸려 있었다.

온달산성을 삼국시대부터 통일신라시대까지 사용되었다.

"이제는 돌이로다. 아니 풀이로다. 장군은 맹세하고 출정하였네. 죽령 이북 실지를 회복하지 않고서는 결단코 돌아오지 않겠다고 삼국 풍운의 전초기지에서

투구 쓰고 갑옷 입은 위용 남한강 배수진 치고 싸웠네. 산천초목도 떨었던 용맹 멀리 요동 벌판에서는 나르는 마상 위의 위엄이 진동했었네."

앞부분은 온달산성으로 출정하는 온달장군의 각오와 영웅적 행적이 나타나 있었다.

"나라 사랑 충혼 죽어도 일편단심 푸른 기상 인구에 회자 되어 오기 천 사백 년 애틋한 장군의 뜻 하늘에 그리는 상형문자로 그 몸부림치던 영혼이여 오랜 세월 그 몇 번이나 정숙하고 착하게 정화되어 겨레의 하늘나라에 올라 성령의 큰사랑으로 빛나네. 땅에는 이제 돌이로다. 풀이로다."

뒷부분에서는 장군의 나라 사랑으로 이어진 위대한 죽음이 우리 역사상에 영원히 남으라고 노래하고 있었다.

온달산성이 있는 성산은 해발 427m라 별로 높은 것 같지 않지만 올라가는데 무척 힘이 들었다. 이마에 흐르는 땀을 닦고 고개를 드니 성곽이 보이기 시작했다. 둥그런 모양의 성곽이 앞을 가로막듯이 버티고 서 있었다.

둘레 682m의 그리 크지 않은 산성은 1,500여 년 전에 축성했다고는 믿기지 않을 정도로 견고한 모습이었다. 자세히 살펴보니 크기가 비슷한 돌들을 켜켜이 쌓아 올렸다. 조금도 틈을 허락하지 않은 촘촘함이 지금까지도 꿋꿋하게 버티게 만든 힘 같았다.

세월을 이기지 못해
무너진 성곽

성벽에는 세월의 깊이를 느낄 수 있는 돌이끼가 점점이 피어나 있었고 빨갛게 물든 담쟁이는 제멋대로 손을 뻗어 자라고 있었다. 성의 높이는 성 밖에서 보면 꽤 높아 보였는데 성안으로 들어오니 성벽에 흙을 채워서 그리 높지 않았다. 성이 무너지지 않고 오래 버틸 수 있었던 것은 아마도 성벽이 성안에서 채운 흙에 의지했기 때문이라는 생각이 들었다. 앞으로는 남한강이 흐르고 뒤로는 소백산이 버티고 있었다. 성곽은 절벽을 잘 이용하여 쌓아서 적의 공격을 쉽게 막아낼 수 있는 천혜의 요새로 보였다.

성곽을 돌아 동문지로 오르는 계단을 올라가 성벽 위에 서니 멀리 남한강을 가로지르는 영춘교 다리와 영춘면 소재지가 한 눈에 들어왔다. 왜 이곳에 성곽을 쌓았는지 지형적 특성을 금방 알 수 있었다.

발길을 성벽 쪽으로 돌렸다. 동문지에서 남문지로 이어지는 성곽은 둥근 타원형을 이루며 거의 온전한 모습을 하고 있었다. 남문지 근처 성벽은 복원을 해 놓았다. 너무 정교하게 복원을 하여 돌의 색깔이 같았다면 복원한 것을 모를 정도였다.

동문 주변의 반원형 성벽은 다른 성에서는 보기 힘든 형식이다.

한 폭의 산수화처럼 아름다운 풍광

저 멀리 소백산맥의 연봉들이 눈에 들어왔다. 저 산을 넘으면 바로 신라 땅이다. 이곳은 꼭 빼앗아야 할 요충지일 수밖에 없어 보였다. 자신과 가족과 나라를 위해 죽고 또 죽여야 하는 무자비한 전쟁이 벌어졌다고 생각하니 북문 쪽 허물어진 성벽에서 절규하는 목소리가 들리는 듯하였다.

성을 내려오면서 온달장군과 평강공주에 대한 생각 속에 빠져들었다. 여자의 존재가 미미했던 고대사회에서 공주라는 행복권을 포기하고 한 남자를 열정으로 내조한 평강공주의 지혜와 의지가 오히려 온달장군의 영웅적 무용담에 가려지지나 않을까 하는 걱정도 해 보았다. 그러나 이들이 추앙받아야 할 부분은 겉으로 드러난 역사적 업적보다는 서로를 믿고 의지하며 싹을 틔운 강한 사랑이 아닐까 하는 생각도 들었다.

등산로 중간에서 한 젊은 연인들이 서 있었다. 내려가면서 대화를 들어 보니 산에 오르기 힘드니 그만 내려가자는 여자의 말에 남자는 머뭇거리고 있었다. 나는 자신 있게 말했다.

"힘들다고 돌아선다면 무척 후회할 겁니다."

온달산성은 가장 아름다운 풍광을 지닌 산성이라는 평가를 받는다. 타원형의 옛 성과 소나무 숲 그리고 멀리 뵈는 남한강과 소백산맥 모두가 조화를 이루어 약육강식의 전쟁터를 답사한 것이라기보다는 아름다운 한 폭의 산수화를 본 느낌이었다. 남한강 쪽에서 시원한 강바람이 성 주변의 소나무 향내를 싣고 올라와 코를 자극했다. 상쾌했다.

앞으로 더 많은 시간을
버텨낼 성벽

미륵산성 성벽

네 차례 개축한 익산 최대의 산성

익산 미륵산성

전라북도 익산시 금마면 신용리에 있는 미륵산성은 해발 430m 미륵산에 백제 무왕 때 창건된 성으로 전해지고 있다. 성의 길이는 1,822m이며 성내에는 건물지, 장대지, 우물터가 남아 있는 익산지역 최대 규모의 산성이다. 전라북도 기념물 제 12호이다.

출처 미륵산성 안내판

정교하게 복원된 성벽과 옹성으로 둘러썬 성문

무왕과 선화공주 이야기

가을이다. 시간은 또 세상의 빛깔을 바꾸어 놓는다. 미륵산성 가는 길은 좌우로 온통 황금물결이다. 저 풍요로운 들판은 지나는 사람에게 예의바른 인사를 한다. 휘파람이 저절로 나온다. 괜히 배가 부르다. 그래서 5월 농부, 10월 신선이라는 말이 생겨났나보다.

미륵산성 가기 전에 미륵사지부터 둘러보았다. 미륵사지는 월드컵 경기장보다 더 잘 다듬은 잔디밭이 끝도 없이 펼쳐져 있었다. 왼쪽에는 미륵사지 석탑을 복원하기 위해 공장처럼 크고 높은 가건물을 지어놓았다. 반대쪽에는 복원된 석탑이

성벽에서 본 성문의 모습. 성문을 방어하기 위해 만든 반원형 옹성도 보인다.

웅장하게 서 있다. 새 옷으로 갈아입은 것처럼 깨끗해 보이지만 그 모습을 바라보는 마음은 그리 편안하지 않았다.

탑 앞에는 당간지주 2개가 쌍으로 있었고 그 앞에는 미륵사 창건 설화를 증명하듯 연못 두 개가 있었다. 미륵사터는 원래 연못이었다고 한다.

백제 무왕은 왕비인 선화공주와 함께 사자사로 가려고 용화산 아래 큰 연못가를 지나는데 갑자기 미륵 삼존이 나타났다. 놀란 왕의 일행은 가는 길을 멈추고 미륵 삼존께 절을 올렸다.

선화공주는 무왕에게 이곳은 영험한 곳이니 절을 지어달라고 간청했다. 무왕은 절 짓기를 허락하였다. 왕은 지명법사에게 지금의 미륵사터인 큰 연못을 어떻게 메울 수 있을까 물었더니 법사는 신통력으로 하룻밤 사이에 산을 무너뜨려 못을 메워서 평지로 만들었다. 그 연못 자리에 미륵 삼존을 모시는 3탑 3금당의 가람 형태로 절을 세웠다.

설화에 나오는 세 개의 탑과 세 개의 금당은 지금도 그 주춧돌이 남아 있다. 그런데 이 주춧돌은 다른 지역 보다 매우 높게 만들었는데 이곳이 연못을 메워 만든 땅이라 습기가 많아 당시 건물의 주재료인 목재를 보호하기 위한 지혜였다고 한다. 그러니 절 앞에 있는 연못이 아니라도 설화에 신빙성을 더해준다. 또 설화 속에 나오는 용화산 사자사는 현재 미륵산 중턱에 사자암이라는 암자가 있는 것을 보면 과연 이 설화는 어디까지가 사실이고 어디까지가 허구인지 자못 궁금하다.

그런데 미륵사 서탑 복원을 위해서 해체하는 과정에서 탑 창건과 관련된 기록이 담긴 금판이 발견되었는데 무왕의 왕후인 사택씨가 재산을 희사하여 대왕의 만수무강을 빌었다는 내용이 나온다. 그러나 금판의 발견으로 미륵사 창건 설화

성 안에는 아직도
건물터가 남아 있다.

와 서동 설화에 나오는 무왕과 선화공주의 사랑이야기가 완전 허구로 여겨지지 않는다. 왜냐하면 무왕의 왕후인 선화공주가 미륵사가 완성되기 전에 뜻하지 않게 죽고 다음 왕후인 사택씨가 탑을 쌓을 때 소원을 빌었다고 생각할 수도 있지 않은가? 미륵사 같은 거대한 공사가 짧은 기간에 완성되지는 않았을 것이니 말이다. 그러나 역사에는 가정이 없으니 궁금증은 더 깊어만 간다.

동쪽 성벽을 제외하고는 등산로로 변한 산성

미륵사지를 뒤로 하고 해발 430m 미륵산으로 발길을 돌렸다. 산에 오르는 사람들의 편의를 위해 등산로를 잘 만들어 놓았다. 가파른 곳에는 계단을 만들어 오르

등산로가 되어 버린 성벽

무너진 성벽이 복원의 손길을 기다리고 있다.

는 데 힘이 들지 않았다. 그런데 정상에 도착했는데도 산성은 보이지 않고 미륵산성 안내 표지판만 서 있었다. 옆에 계신 연로하신 분께 미륵산성이 어디냐고 여쭈어 보았더니 "아! 그 큰 돌담 말이요?" 하면서 손가락으로 가리키는 곳으로 가라고 알려주셨다. 그 쪽으로 가니 아래쪽에 시커멓고 길쭉한 돌담이 보였다. 주위를 가만히 살펴보니 내가 지금 올라온 길이 무너진 성벽이었고 여기 저기 널브러진 돌은 성돌이라는 것을 알게 되었다.

어르신이 알려준 길을 따라 다시 아래로 조심스럽게 내려갔다. 내려가는 길이 상당히 가팔라서 나무를 잡아가며 한걸음씩 발걸음을 옮겨 놓았다. 가다보니 미륵산성을 발굴조사하다 중단한 곳이 있었다. 건물지의 석축과 작은 연못 그리고 우물이 보였다. 그리고 조금 더 내려가니 옹성으로 둘러싸인 동문이 보이고 좌우로 새로 복원한 미륵산성이 계곡을 싸고 좌우로 길게 펼쳐져 있었다.

안내판에 의하면 "미륵산성은 해발 430m 용화산 이라고도 불리는 미륵산 최고봉인 장군봉과 동쪽 계곡을 둘러싼 석성으로 백제 무왕 때 쌓은 성이라고 한다. 또한『동국여지승람』에는 고조선 준왕이 금마 땅에 내려와 마한을 개국하고 성을 쌓았다 하여 기준성이라고 불린다는 기록이 있다. 성내에서는 무문토기 조각과 청동기, 백제 토기 조각과 기와 조각이 출토되고 있으나 발굴 조사 결과 백제 시대에 축성되어 조선 초기까지 4차례 개축된 사실이 확인되었다. 성의 둘레는

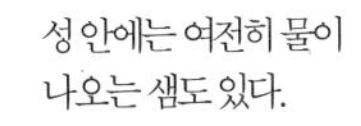

성 안에는 여전히 물이 나오는 샘도 있다.

미륵산성의 방어시설인
치의 모습

1,822m로서 익산 최대 규모의 산성이다. 성은 산의 경사면에 쌓았는데 성벽의 높이는 4~5m로 동문지와 남문지 그리고 10개의 치가 있다."고 설명하고 있다.

지금의 성벽은 동쪽을 제외하고는 거의 무너져 버렸다. 서쪽 성벽은 등산로로 바뀌어 버렸고, 북쪽 성벽은 절벽 사이사이에 성벽의 흔적들이 돌무더기로 남아 있었다.

성의 형태가 가장 잘 남아 있는 동문은 옹성이 만들어져 있었다. 옹성은 주로 항아리 모양으로 성문을 공격하는 적군을 효과적으로 방어하기 위한 구조물인데 미

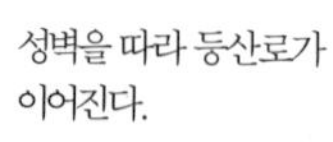

성벽을 따라 등산로가
이어진다.

거대한 돌로 기단석을 삼은 성문

륵산성은 마치 갈고리 모양을 하고 있어 특이했다. 성문 하단부는 무척 큰 돌로 기초를 다졌다. 익산 주위에 돌산이 많아 돌 구하기는 어렵지 않았겠지만 이렇게 큰 규모의 돌을 옮겨 성을 쌓은 것을 볼 때 당시 나라를 다스리는 통치력이 얼마나 강력했는지 상상할 수 있었다.

성문 입구에는 돌쩌귀가 있었다. 돌쩌귀는 여닫이 성문이 있었다는 증거가 되는데 성문의 윗부분은 없고 성문 입구만 남아 있었다. 성문 입구를 돌아보면서 조선시대 성문은 주로 아치형의 모양인데 미륵산성 성문은 어떤 모습이었을까 궁금했다.

성문 자리에 남아 있는 돌쩌귀

망국의 한이 서려있는 미륵산성

미륵산성 남쪽으로는 만경강이 흐르고, 북쪽으로는 금강이 있어 물길이 발달된 곳에 위치하고 있다. 또 동쪽으로는 여산의 천호산과 완주에 운장산 등 노령산맥으로 둘러싸여 신라의 공격을 효과적으로 방어할 수 있는 요충지이다.

익산지역은 5세기 무렵부터 백제의 중심세력이었고, 7세기를 전후하여 백제 문화가 꽃을 피운 곳이다. 특히 무왕 때에는 도읍을 사비에서 이곳으로 옮기려고 왕궁을 건설하였다고 하는데 지금도 왕궁면에 왕궁터라고 불리는 유적지가 남아 있다. 그리고 백제 최대의 사찰인 미륵사를 짓고 거대한 미륵산성을 쌓은 것을 보면 무왕이 조금 더 오래 권좌에 앉아 있었으면 익산 천도가 가능했을 지도 모를

저수지와 같은 역할을 한 집수시설

일이다.

미륵산성을 뒤로하고 산을 내려가는데 멀리 우리나라 지도 모양을 한 저수지가 눈에 들어왔다. 그 옆에 미륵사지가 보였다. 그 넓은 절터가 텅 비어 있는 모습에 망국의 한이 남아있는 것 같아 미륵산성을 답사하면서 생긴 허허로운 마음과 꼭 맞아 떨어졌다. 문득 조선시대 문인 서거정의 시가 생각났다.

남호는 희고 또 흰데 익산은 푸르기 만하구나. (南湖白白益山蒼)
지난 일은 희미한 한 자리의 꿈이어라. (往事微茫夢一場)
백제 빈 땅에는 고목만이 외롭고, (濟國遺墟空老樹)
기준의 옛 궁터에는 석양이 비꼈구나. (箕君古殿幾斜陽)

세월은 있는 것을 그대로 두지 않는다. 흥망성쇠의 이치 또한 한 치의 오차도 없다. 역사는 승리자의 전리품일 뿐 망한 나라의 슬픔을 함께 하지는 않는다. 비록 백제는 망해서 그 빛나는 문화와 영화로움은 땅 속에 묻혀 찾을 길 없지만 비굴하지 않게 눈물은 보이지 않았다. 미륵산성은 허물어지고 남은 흔적마저 등산로가 되어 발길에 밟히는 홀대를 받아도 지금 모습으로 꿋꿋하게 서서 비장미를 무기로 지는 해에 몸을 맡기고 있었다.

무너진 정양산성 성벽

남한강을 지키던 방어기지

영월 정양산성

강원도 영월군 영월읍 정양리에 있는 정양산성은 내성의 둘레는 1,060m이며 외성은 570m이다. 내성의 최고 높이는 12m로 삼국시대 이래 산성 축조 기술 변화를 알기에 매우 중요한 유적이다. 사적 제 446호이다.

출처 정양산성 안내판

'우물 정'자로 쌓아올려 10미터가 넘는 높이도 충분히 견디고 있다.

남한강 주변 군사적 요충지 영월

왕검성이라고도 부르는 영월의 정양산성을 답사하기 위해 기차를 탔다. 영월역에 내리니 역 앞에 올갱이 해장국집이 여럿 있었다. 어느 방송국에서 소개한 올갱이 해장국이라는 간판을 내 건 식당이 눈에 들어왔다. 출출하던 차에 식당에 들어섰는데 눈을 의심할 정도로 손님이 많았다. 주인을 불러 물어보니 적어도 30분을 기다려야 자리가 난다고 한다. 산성 답사할 시간 때문에 할 수 없이 옆집으로 자리를 옮겨 해장국 한 그릇 먹었다. 정말 맛있었다. 그러니 방송국에서 소개한 해장국은 얼마나 맛이 있을까? 궁금증은 배가 불러도 가시질 않았다. 강원도는 산이 많은 지방인데 영월은 맑은 남한강이 도시를 둘러 흐르니 자연스럽게 올갱이 해장국이

잡초에 덮여도 역사는 그 자리에 남았다.

영월의 향토음식이 되었나보다.

영월은 3세기 백제시대에는 백월이라 불렀고, 4세기 고구려시대에는 내생군이었던 것을 신라가 점령하면서 내성현이라 고쳤다. 이렇게 여러 번 지명이 바뀐 것을 보면 영월은 삼국시대 때 세 나라가 한 번씩 점령했던 군사적 요충지로 뺏고 뺏기던 전쟁터였다는 사실을 알 수 있다.

영월이 군사적 요충지가 될 수 있었던 것은 바로 강 때문이다. 평창에서 내려오는 서강과 정선에서 내려오는 동강이 영월에서 만나 남한강이 되어 단양으로 흘러간다.

도로가 발달되지 않은 그 옛날에 강은 고속도로였다. 평상시에는 생활필수품을 나르는 길이었지만 전쟁시에는 군수품을 나르는 수송로가 되고, 자연해자로 방어에 도움을 주는 지형지물이 된다. 그러니 강한 나라가 되기 위해서 이 강은 꼭 필요했고, 강을 지키기 위해서는 성곽을 쌓는 것은 필수였다. 정양산성 역시 남한강을 지키기 위해 축조된 성일 것이다.

편축식과 협축식으로 조화롭게 축성

정양산성 주차장에 내려 길을 따라 오르니 정조대왕의 태실비가 보였다. 거북등 위에 비석이 세워져 있고, 화강암을 잘 다듬어 마치 사리탑처럼 둥글게 조각한 탑이 보기에도 무척 신분이 높으신 분의 것임을 알 수 있었다. 학교에서 조선의 22대왕을 정조로 배웠는데 이곳에는 정종으로 표기되어 있었다.

정양산성으로 가는 오솔길은 산책하기에 안성맞춤이었다. 오르막과 내리막이 알맞게 조화를 이루는 길에 오른쪽으로는 남한강 물줄기가 보이고 소나무를 비롯한 침엽수와 도토리나무와 같은 활엽수가 답사 가는 길에 그늘을 만들어 주었다. 정양산성 뒷산인 계족산에서 불어오는 바람이 맑은 공기를 데리고 와서 그런지 몸도 마음도 상쾌했다. 가끔씩 남한강에서 올라오는 물기 머금은 바람도 불어와 산성을 찾아가는 즐거움을 더해 주었다.

휘파람을 불며 가다 보니 마치 언덕처럼 보이는 외성이 나타났다. 외성은 정양

성 안에서는 건물터에 대한 발굴조사가 진행되고 있었다.

산성의 서북쪽 계곡을 넓게 에워싼 성벽이라 하는데 자연석이 여기 저기 흩어져 있는 것을 보니 토석혼축식으로 축성했다는 것을 알 수 있었다.

드디어 성곽이 눈에 들어왔다. 좌에서 우로 약 300m 정도의 성벽이 앞을 가로막고 있었다. 산성의 오른쪽은 거의 무너져 돌무더기가 이어져 있는 것처럼 보이고, 왼쪽은 그래도 군데군데 다듬은 돌로 쌓은 산성의 모습을 확인할 수 있었다. 성 안으로 들어가니 1986년 영월군수가 새겨놓은 왕검성지라는 돌비석이 보였다.

내용을 보면 "해발 400m 고지에 포곡형으로 성벽 한쪽만 쌓은 편축식과 양쪽을 쌓은 협축방식으로 조화롭게 축성한 정양산성은 인근의 대야산성, 태화산성 및 영춘의 온달산성과 더불어 고구려 미천왕 때 남하한 후 남한강 연변의 방어기지로 축성된 것으로 보이며 자연석 난층쌓기로 정교하게 축성되었고 일부가 붕괴된 곳도 있으나 삼국시대 산성으로서는 비교적 잘 보존된 산성으로 둘레 771m, 높이 6m, 폭 4m로 동서남북으로 4개의 문이 있고, 성내에는 우물이 있으며 기와와 토기 파편이 흩어져 있는 것으로 보아 건축물이 있었던 것으로 추정된다."고 기록해 놓았다.

산성 주차장에서부터 이곳까지 안내문이 세 개가 있는데 그 내용이 조금씩 차이가 있었다. 주차장 입구에 최근에 세워진 안내판의 내용을 보면 "성은 높은 성벽으로 된 내성과 낮은 성벽으로 이루어진 외성으로 구성되어 있고 완만한 경사면을 에워싸고 있다. 내성의 둘레는 1,060m이고, 외성 둘레는 570m이다. 내성은 성벽 높이가 최고 12m에 이르며 삼국시대 석축방법을 보여주고 외성은 고려시대 이후에 축조된 것으로 여겨지며 내성에 있는 3개의 성문은 모두 사다리를 이용하여 출입할 수 있는 현문식 구조로 되어 있고 방어의 긴요한 곳에 곡성 형태의 치성이 설치되어 있다."라고 쓰여 있었다.

또 다른 안내문에는 "고구려가 남하했을 당시 중부지역의 거점이 되었던 성곽

사다리를 이용해 출입할 수 있도록 만든 현문식 성문

으로 보기도 하고 거란족의 침입에 대비하기 위해 왕검이란 사람이 쌓았다는 전설도 있다. 그러나 아직도 학술적으로 그 축조 연대가 명확히 밝혀지지는 않았다. 산성의 실측 둘레는 약 1.3km이다. 성벽은 한쪽만 쌓는 편축방식, 혹은 양쪽을 쌓는 협축방식을 함께 사용하였고, 자연석을 적당히 치석하여 매우 정교하게 쌓았다." 라고 기록되어 있었다.

세 개의 안내문은 조금씩 다른 내용을 기록해 놓았지만 정양산성을 이해하는데 부족함은 없었다.

공들여 견고하게 축성하다

정양산성은 발굴 중이있다. 건물지로 추정되는 넓은 풀밭에 땅을 파고 들어가지 못하게 줄을 쳐 놓았다. 발굴을 위해 통행금지 시켜놓은 곳을 피해 남한강 쪽 성벽으로 갔다. 이곳은 무척 가파른 곳에 성벽을 쌓았는데 많이 허물어져 있었다. 군데군데 남아 있는 성벽을 보면 얼마나 공을 들여 견고하게 쌓았는지 가늠할 수 있었다.

더 오르자 남문이 나타났다. 남문은 내성 성벽에서 가장 낮은 곳에 위치하고 있었다. 남문 밖으로는 가파른 계곡이 있었다. 성문은 사다리가 있어야 들어올 수 있는 현문식이었다. 남문을 지나자 거대한 성벽이 나타났다. 바위 위에 성벽을 축조했는데 지형지물을 잘 이용하여 쌓았다. 산성이 허물어진 곳을 보니 납작하고 반듯한 돌을 사용해 우물 정자 모양으로 서로 엇물려 쌓은 것을 확인할 수 있었다. 그러니 거의 수직에 가깝게 10m를 쌓아도 무너지지 않았던 것이다.

남쪽 성벽에서 내려와 성안을 지나 서북쪽 성벽으로 갔다. 성벽의 바깥쪽은 많이 허물어졌는데 안쪽은 성벽의 형태가 온전히 남아 있었다. 조금 오르니 북문이 나타났다. 북문은 서북쪽 성벽의 중앙에서 위쪽으로 약간 치우친 지점에 있었다. 성문은 작은 통로 정도로 보였으며 바깥쪽은 산의 경사면으로 출입이 어려워 보여 역시 현문식의 성문이었음을 짐작할 수 있었다.

서북쪽 성벽이 끝나는 곳에는 적을 잘 살필 수 있고 공격을 효과적으로 방어하기 위한 둥근 모양의 치성이 있었다. 성 밖으로 나가 보니 바깥 성벽은 이중으로 쌓여져 있었다. 기단석으로 기초를 다졌고 그 위에 성돌을 쌓아 견고한 모습이었다.

계단식으로 쌓은 성벽의 기단석

치성을 지나 조금 더 오르니 동문이 나왔다. 역시 현문식으로 축성되어 있었다. 동문에서는 계족산이 정면으로 바라 보였다. 동문에서 남동쪽으로 이어지는 성벽은 능선을 이용하여 축조되었다. 정양산성은 서북쪽 성벽이 길고 반대인 동남쪽 성벽은 짧아 사다리꼴의 모양을 하고 있었다. 세 시간 정도 산성답사를 끝내고 발길을 돌리는데 하늘에는 낮달이 마중 나와 있었다.

옛 성을 찾아보는 일은 역사의 뿌리를 찾는 일도 되지만 이 지역에 살던 조상들의 삶도 조명해 볼 수 있다. 영월에 살았던 조상들은 교통의 요지에서 살면서 물자의 왕래가 빈번하여 먹고 살기에 그리 어렵지는 않았을 것으로 생각되지만 군사적 요충지에 살면서 거란족, 몽고족의 침입으로 전쟁의 한 가운데서 생존을 위해 성곽을 쌓았던 처절한 삶도 경험했을 것이다.

평상시의 풍요로운 삶에서 전쟁의 비참한 삶으로 극과 극을 치닫다보니 자연스레 생존에 대한 강인함이 이 지방 조상들의 생활 속에 젖어들어 있었을 것이다. 그래서 이 지역 주민들은 생활력이 무척 강할 것 같은 느낌을 받았다. 은근과 끈기의 꺾이지 않는 우리 민족성의 원형이 바로 이곳 영월에서 시작되지 않았나 생각하면서 기차에 올랐다.

역시 현문식으로 쌓은 동문

남한강과 성벽

파사왕 때 쌓은 신라 산성

여주 파사성

경기도 여주군 대신면 천서리에 있는 파사성은 파사산 정상에 쌓은 포곡식 산성이다. 신라 5대 파사왕 때 쌓았다고 전해지고 있으며 임진왜란 당시 유성룡이 다시 쌓도록 한 것으로 추정되고 있다. 성의 길이는 943m이며 사적 제 251호이다.

출처 파사성 안내판

파사산성에서는 여주와 이포가 조망된다. 지금은 강물에 4대강 사업의 흔적인 이포보가 자리잡고 있다.

남한강 이포나루를 바라보다

중부고속도로는 차선이 두 개라 마치 차들이 줄맞춰 달리는 것처럼 보였다. 어차피 추월할 수 없으니 앞서거니 뒤서거니 하는 차들도 없어서 마음마저 여유로웠다.

겨울 햇살은 고속도로를 달리는 승용차 지붕 위에 내려앉았다. 햇살은 줄지어 달리는 차량마다 골고루 비춰 주었다. 햇살도 두 줄로 줄지어 달렸다. 햇살은 차량의 색깔에 따라 반짝이는 정도의 차이만 있을 뿐 비싼 차, 좋은 차에 더 많이 내려앉지 않았다. 자연은 참 공평하다.

중부고속도로 좌우의 풍경은 주로 농촌의 모습이다. 추수가 끝난 논 주위로 지

산 아래서 보이는
파사산성 전경

봉 색깔이 각기 다른 집들이 옹기종기 모여 있는 모습이 정겨웠다. 건물이나 공장들이 많이 보이는 경부고속도로와는 사뭇 다른 느낌이었다. 여유있게 차를 몰면서 파노라마처럼 펼쳐지는 넉넉한 겨울 풍경을 보니 기분이 상쾌했다.

중부고속도로에서 이천으로 나와 70번 국도를 따라 양평으로 향했다. 얼마 지나지 않아 이포대교가 보였다. 다리가 생기기 전에 이곳은 나루터였다. 이포나루는 삼국시대부터 있었던 아주 오래된 나루터로 남한강 물길과 강원도로 가는 육로가 교차되는 곳이라 조선시대 때 한강의 4대 나루 중 하나로 교통의 요지였다.

조선 초 삼촌인 수양대군에게 왕위를 내 주고 강원도 영월로 유배가던 어린 단종도 이 이포나루를 건넜다고 한다.

파사산 정상에 축성된 포곡식 석축산성

이포대교를 건너다보니 앞으로 보이는 산 정상부에 하얀 띠를 두른 것처럼 파사성이 보였다. 성곽은 군사적 요충지에 병사를 주둔시켜 지키는 곳이니 파사성은 바로 이 교통의 요충지인 이포나루를 지키기 위해서 축성했을 것이라는 생각이 들었다.

파사성은 파사산 정상에 쌓은 포곡형의 석축산성이다. 주변 지역이 모두 해발 30~40m의 낮은 지역이라 파사산이 해발 230m 밖에 되지 않는데도 남한강을 한 눈에 볼 수 있었다.

파사성을 오르는 길은 여러 갈래이다. 천서 2리를 통해 동문으로 오르는 길이 있고, 천서 1리에서 남문으로 오르는 길이 있으며, 양평군 개군면 상자포리에서 마애여래입상 쪽으로 오르는 길 등이 있

파사산성 성문인
남문으로 오르는 길

속절없이 무너져 내린
파사성 성벽

다. 천서 1리에서 남문으로 이르는 길은 임도가 잘 나 있고 입구에 주차장이 마련되어 있어 이 길을 가장 많이 이용한다.

남문을 향해 오르는 길은 초입부터 경사도가 매우 높았다. 눈이 내려 부분 부분이 얼어 쉽게 오르지 못하고 자주 미끄러졌다. 아이젠을 챙겨오길 잘했다는 생각이 들었다. 겨울철에 산성 답사를 하면서 얻은 지혜다.

얼마를 올랐을까 남문이 눈앞에 펼쳐졌다. 남문 입구 성벽은 잘 다듬어진 돌로 촘촘하게 잘 쌓았는데 그 옆으로 이어진 성벽은 무너져 있었다.

성벽 둘레로 길이 나 있었다. 남문을 지나 동문으로 가는 남동쪽 성벽은 거의 허물어져 그 형태만 남아 있고 군데군데 돌무더기만 눈에 띄었다. 조금 올라가니 성안 쪽으로 건물지같이 보이는 넓은 장소가 보였다. 주변에는 기와조각이나 질그릇 파편이 눈에 많이 띄었다. 조선시대 때 건물이 있었던 곳으로 추측되었다.

동문에 도착하니 천서 2리 쪽에서 올라오는 길이 보였다. 동문은 거의 허물어져 문의 형태만 남아 있었다. 안내문에는 'ㄱ'자형의 옹성이 흔적만 남아 있다고 하는데 어디가 옹성인지 어떤 모양인지를 가늠할 수 없었다. 동문 우측 성벽은 새로 쌓은 성벽과 옛 성벽과 연결하여 복원하였다. 그런데 성돌의 색깔 차이가 많이 나서 한 눈에도 어디가 옛 성벽이고 어느 부분이 새로 보수한 곳인지 쉽게 구분할 수 있었다. 동문 성벽 밖으로 난 길을 따라가다 보니 파사산 정상 부분에 장대지

무너진 성벽 사이로
겨울바람이 스산하다.

로 보이는 높은 부분이 있는데 그 곳에 나무사다리를 만들어 탐방객들이 쉽게 넘나들게 만들어 놓았다.

파사성의 전체 둘레는 943m이다. 성벽은 잘 다듬은 돌로 정연하게 차곡차곡 쌓았는데 삼국시대에 쌓은 부분과 조선시대에 다시 쌓은 부분이 구분될 정도로 축성기법에 차이가 있었다. 삼국시대에 쌓은 부분은 바른층 쌓기로 아랫돌과 윗돌이 정연하게 맞물리도록 쌓았지만 조선시대에 다시 쌓은 부분은 조잡하고 각층이 흐트러져 있으며 상당부분 붕괴된 상태였다.

성내의 시설로는 동문과 남문 등의 두 개의 성문과 배수구, 우물지, 건물지 등이 있었다. 성을 쌓은 방식이나 출토되는 유물로 보아 삼국시대 이후 계속 사용되

복원한 부분이 확연하게 드러나 있는 성벽

붕괴가 진행 중이어서
보존이 시급한 성벽

다가 임진왜란 당시 서애 유성룡이 황해도 승군 총섭 의암에게 다시 쌓도록 하였던 것으로 전해진다. 그러나 성내에 물이 부족하여 임진왜란 이후에 잘 사용하지 않았다고 한다.

파사성은 선조실록에 18번, 광해군 일기에 1번 등 조선왕조실록에 총 19회나 등장한다. 파사성이 실록에 자주 등장했다는 것은 그만큼 중요한 성이라는 것인데 광해군 일기에 보면 경기지방 산성 수리에 대한 비변사의 건의에서 지세가 좋지 않아 성으로서의 가치가 떨어져서 보수하지 않았다는 기사가 나온다. 이런 내용으로 보면 아마도 그때부터 폐성의 길을 걸었던 것으로 추측된다.

전설이 많은 파사성

마애불 쪽으로 방향을 잡고 가는데 반대편에서 노인 한 분이 오시기에 인사를 드렸더니 무척 반가워하셨다. 자신은 5년 전에 건강이 좋지 않아 서울에서 이사와 이곳에 살면서 거의 매일 파사성에 오르다 보니 건강을 되찾았다고 하셨다. 그러면서 파사성 전설에 대해서 말씀해 주셨다.

신라시대 5대 왕인 파사왕 때 남녀 두 장군이 있었는데 서로 힘자랑을 하려고 내기를 했다는 것이다. 내기는 남자는 중국에 갔다 오고, 여자는 그 시간에 성을 쌓는 것이었다. 남자 장군은 부랴부랴 중국으로 떠났다. 여자 장군은 양평군 개군면 석장리에 있는 채석장에서 돌을 날라다가 열심히 성을 쌓았다. 그러던 중 남자 장군이 도착했다는 소식에 놀라 치마폭이 찢어지면서 담고 있던 돌들을 떨어뜨리고 말았는데 파사성은 떨어뜨린 돌만큼 미완성으로 남아 있다고 한다.

또 하나는 파사성 서북쪽 아래에 있는 마을에 대한 전설이다. 이 마을 이름이 개군면인데 임진왜란 때 이 동네 아낙들이 군사 사이사이에 끼어서 돌을 날라다가 싸웠다고 하여 낄개(介), 군사군(軍)를 써서 개군면이라고 불렀다는 지명 전설인데 파사성에서 싸움이 있었다는 사실을 알려주고 있다.

마지막 전설은 파사성에서 남한강 쪽으로 내려가면 작은 언덕이 있는데 그 곳에 아주 영험한 약수가 있다는 것이다. 아주 오랜 옛날 시각장애인, 청각장애인, 발을 저는 사람 등 장애인들이 이 약수 물을 마시면 병이 깨끗하게 낫는다고 한다. 그래서 병에 걸린 귀족들도 먼 이 곳까지 와서 병을 고쳤다는 이야기로 지금도 그 자리에 약수가 있다고 한다. 자신도 매일 가서 약수를 마시는데 약했던 몸이 건강을 되찾았다고 꼭 마셔보라고 권하였다.

노인과 헤어져 다시 마애불을 찾아 갔다. 산모퉁이를 돌아서자 큰 바위가 보였다. 그 바위에 불상이 암각되어 있었는데 바위 평면에 부처상이 조각된 부조가 아니라 선으로 부처상을 조각해 놓았다. 이를 선각표현이라 하는데 고려시대에 만들어진 마애불의 특징으로 경기도 이천의 영월암 마애여래입상과 유사한 점이 많다고 안내판에 설명되어 있었다.

발길을 파사성에서 남한강이 내려다보이는 곳으로 향했다. 아침에 출발할 때는 하늘이 맑게 개였는데 시간이 지날수록 구름이 조금 조금씩 모여들더니 급기야 눈발이 날리기 시작했다. 잰걸음으로 정상에 올라 파사성과 남한강 그리고 이포대교를 배경으로 셔터를 눌렀다. 다행히 눈발이 적게 날려 산성과 이포대교의 윤곽은 알아볼 수 있었다. 양평 쪽에서 어두움이 몰려오고 있었다. 욕심으로는 좀 더 많은 사진을 찍고 싶었지만 어두움과 함께 두려움도 몰려와 눈 내리는 성벽을 사진에 담고 서둘러 하산했다.

세월의 무게를 이기지 못하고 군데군데 허물어진 견훤산성 성벽

절벽에 쌓은 아름다운 산성

상주 견훤산성

경상북도 상주시 화북면 장암리에 있는 견훤산성은 높이 800m 산 정상부에 축조한 장방형의 테뫼식 석축산성으로 성 둘레는 650m 정도이다. 외부의 접근을 관망하기 좋은 곳에 자연 암벽을 이용하여 4개의 망대를 설치하였다. 경상북도 기념물 제 53호이다.

출처 견훤산성 안내판

속리산 문장대 길목에 있는 견훤산성

견훤산성이 있는 상주는 청원 – 상주간 고속도로가 개통되어 찾아가기가 무척 수월해 졌다. 고속도로가 생기기 전에 견훤산성을 두 번 답사했는데 여름에 옥천에서 장계 유원지를 지나 상주시 화서면을 거쳐 화북면 장암리 방향으로 갔고, 이년 뒤 봄, 근처에 사는 친구를 만나러 옥천에서 보은을 거쳐 속리터널 방향으로 찾아갔다. 한 번은 앞으로, 한 번은 뒤로 들어간 셈이다. 견훤산성 답사 길은 두 방향 다 산과 강이 어우러진 길이라 풍경이 아름답다.

견훤산성이 있는 장암리는 상주 방향에서 문장대로 오르는 길목에 있는 마을로 '속세를 떠난' 속리산의 별천지라 불리는 곳이다. 이 마을 뒷산 소나무가 우거진 임

서문 멀리 속리산이 보인다.

도는 짙은 솔향 때문에 걸을수록 기분이 좋아지는 길이다. 햇빛이 들어오지 않을 정도로 우거진 임도따라 이마에 땀이 한 두 방울 생길 만큼만 걸으면 산성을 만날 수 있다.

산성 입구에는 커다란 바위가 앞을 가로막고 서 있다. 이 바위는 성곽의 일부로 옆으로 또 위로 벽돌 모양으로 다듬은 성돌을 가지런히 쌓아 성벽을 이루고 있다. 바위와 절벽을 잘 이용하여 산성을 쌓은 조상들의 축성술은 놀라웠다. 바위 위에는 크기가 작은 소나무 한 그루가 하늘을 향해 가지를 뻗고 있었다. 성의 돌무더기 때문에 마음 놓고 숨 한 번 제대로 쉬어 보지 못하고 또 마음껏 자라지 못한 키 작은 소나무가 안타까워 보였지만 의지의 표상으로 비유되는 소나무라 굳굳하게 자란 모습이 오히려 늠름해 보였다.

마을에서 바라본
견훤산성 전경

허물어진 동쪽 망루

천연 절벽을 이용해 축성하다

견훤산성은 삼국시대 때 장바위산 정상부를 에워싼 테뫼식 산성이다. 형태는 부정형으로 산세와 지형을 따라 암벽을 잘 이용하여 성벽을 쌓았다. 성의 둘레는 650m 정도이며, 성벽 높이는 대략 7m에서 높은 곳은 15m나 된다.

산성에서 둘러보면 속리산 문장대와 관음봉, 동쪽으로는 청화산과 도장산이 모두 보일 정도로 전망이 좋았다. 자연 암벽을 이용하여 쌓은 망대는 모두 네 곳인데 동쪽과 북쪽의 경계에 쌓은 말발굽 형태의 망대는 무려 15m나 되는 높은 곳에 있

견훤산성 망루는 위험해 가까이 갈 수 없다.

어서 화북면 소재지를 한 눈에 조망할 수 있다고 하는데 위험지역이라 올라가지 못했다.

서문 방향으로 오솔길이 나 있었다. 천년 세월을 이기지 못하고 무너진 성돌은 흙더미와 범벅이 되고, 쓰러진 나무 등걸 사이에도 흩어진 성돌이 보였다. 서문으로 가는 길옆은 천 길 낭떠러지인데 커다란 바위 위에 무너진 망루가 있었다. 성돌 쌓은 것이 여섯 단 정도 남아 있어 겨우 형태만 짐작할 수 있는데 저렇게 험한 곳에 성돌을 어떻게 쌓았을까 놀라울 정도였다. 눈을 들어 보니 속리산 문장대가 햇빛을 받아 자태를 뽐내고 있었다.

견훤산성 성벽의 배수구

대형스크린처럼 보이는 성벽에 소나무 그림자가 드리웠다.

속리산 쪽으로 난 서문은 그리 크지 않았다. 성문이라기보다는 밖으로 나갈 수 있는 작은 통로로 보였다. 성문 밖은 바로 낭떠러지라 어떻게 출입했는지 의문스러웠다. 거의 다 허물어져서 원형은 찾을 수 없지만 벽돌 모양으로 다듬은 돌로 가지런히 쌓은 모습은 얼마나 정성들여 쌓았는지 가늠할 수 있었다.

북쪽 성벽은 매우 높이 쌓았다. 그 모양이 마치 대형 화폭처럼 보였다. 마침 지는 해에 키가 큰 소나무 그림자가 비쳐져 십장생을 주제로 한 거대한 모자이크 작품을 보는 것 같았다.

북쪽 성벽과 동쪽 성벽이 이어지는 곳엔 성벽이 모두 허물어져 올라가서 답사하기엔 위험했다. 가까이 가보려고 했으나 높이가 주는 두려움 때문에 한 치도 앞으로 나갈 수 없었다.

동쪽 성벽은 복원한 부분이라 다른 성벽에 비해 성돌이 깨끗했고, 돌의 색깔이 달랐으며 돌을 다듬은 기술도 투박해 보였다. 아마도 빠른 시간에 복원하다보니 성돌 다듬는 시간이 부족한 것 같은 느낌이 들었다.

성벽 안쪽에는 물을 모아 놓는 작은 인공 연못 같은 구조물과 수구가 보였다. 성벽에 서서 산 정상 쪽을 바라보니 양쪽으로 작은 능선 사이로 낮은 계곡이 눈에 들어왔다. 아마도 이곳에 병사들이 숙식을 했던 건물이 있었던 것 같았다.

견훤산성 우물터.
다듬은 돌로 정교하게
쌓았다.

성 안에는 이끼가 잔뜩 낀 두 개의 석상과 작은 석등이 있는 무덤이 있었다. 무덤 옆으로 조성해 놓은 석물을 보니 이 지역 유력자의 무덤 같기도 했다. 아마도 산성이 축성된 다음에 무덤을 만든 것 같은데 잘 정리된 것을 보면 후손이 무덤을 정성껏 보살피는 것 같았다. 후손이 끊이지 않고 오랜 세월동안 조상의 무덤을 돌본 것을 보면 이곳이 명당이라는 생각이 들었다.

견훤의 전설이 남아있는 상주

상주에는 전형적인 영웅 설화의 구조를 갖춘 견훤의 탄생 이야기가 전해져 내려오고 있다.

부자 집에 예쁜 딸이 있었는데, 밤마다 어떤 남자가 방을 남몰래 드나들었다. 여러 달이 지나자 그 처녀는 아이를 갖게 되었다. 이 사실을 부모님께 알리니, 놀란 부모가 남자의 신분을 확인하기 위해 바늘에 실을 꽂아 남자 옷에 찔러 놓으라고 일렀다. 처녀는 시킨 대로 바늘을 남자 옷에 꽂아놓았는데 다음날 실을 따라 가보니, 굴이 나타났고 그 굴속엔 커다란 지렁이 한 마리가 실에 감겨 죽어 있었다. 그렇게 해서 낳은 아들이 견훤인데 범의 젖을 먹고 자라 남다른 용모와 재주로 후백제를 건국했다고 전한다.

자연과 조화를 이룬
하나의 조각품 같은
성벽의 말끔한 모습

안과 밖을 모두 돌로
축성한 협축식 성벽

견훤은 무척 불행한 사람이었다. 35년간 왕위에 있으면서 수많은 전쟁으로 바람 잘 날이 없었고, 아버지인 아자개가 그의 맞수인 왕건에게 투항하여 군사적 요충지인 상주 지역을 고려에 내주어 아버지와의 갈등이 심했다. 그뿐만 아니라 막내아들인 금강에게 왕위를 물려주려 하자 장남인 신검이 반란을 일으켜 아버지인 견훤을 금산사에 유폐시켰다. 천신만고 끝에 탈출하여 왕건에게 투항하였다. 그 후 936년 왕건에게 신검의 토벌을 요청하여 후백제를 멸망시켰다. 자신이 세운 나라를 자신의 손으로 멸망시킨 것이다. 또한 왕건이 자기를 유폐시킨 장남 신검을 우대하는 것을 보고 분을 못 이겨 울화병으로 등창이 생겨 죽었다고 전한다.

비운의 삶을 산 견훤은 상주에서는 영웅 중에 영웅이었다. 이곳에는 바위가 갈라지면서 견훤이 태어났다는 동바위가 있고, 견훤의 궁터가 있었다는 궁터 마을이 있다. 용마를 실험해보기 위해 활을 쏘고 달렸는데 화살보다 늦게 도착했다고 말을 죽이고 나니 화살이 도착해서 견훤이 '아차'하고 탄식했다는 아차마을도 있다. 견훤산성도 후세사람들이 견훤 탄생지와 관련지어 이름을 붙인 것 같다는 생각이 들었다.

오솔길 산책하듯 조성된 답사길

견훤산성은 전쟁을 위해서 축성해 놓은 산성이라기보다는 자연과 조화를 이루고 있는 하나의 작품처럼 보였다. 정성스럽게 다듬은 돌벽돌을 주재료로 하고 산과 바위와 절벽 그리고 아름다운 주위 풍경을 부재료로 사용한 하나의 거대한 조각품처럼 보였다. 무력과 투쟁의 산물인 산성을 쌓으면서도 주목적인 생존을 넘어 아름다움을 추구하면서 성을 쌓았던 석공들의 예술혼이 가슴에 와 닿았다. 그리고

답사객들의 오솔길이 된
성벽길

차곡차곡 쌓은 성돌에 생긴 오래된 돌이끼가 마치 성을 쌓은 선조들의 얼굴이 실루엣처럼 보였다.

답사길은 입구부터 산성에 도착할 때까지 낙엽이 쌓인 길에서 푹신한 느낌을 받았고, 성벽을 따라 조성된 길은 꼬불꼬불하면서도 힘이 들지 않는 높낮이가 있어 산책하듯 편하게 답사할 수 있어서 허물어진 성벽으로 생긴 아쉬움을 조금이나마 보상 받을 수 있었다.

성흥산성 입구

축성시기가 밝혀진 난공불락의 요새

부여 성흥산성

충청남도 부여군 임천면 군수리에 있는 성흥산성은 본래 가림성으로 백제 동성왕 23년(501년)에 백제의 도성을 수호하기 위하여 금강 하류의 요충지인 이곳에 돌로 쌓은 성으로 둘레는 1,500m이며 축성연대를 확실히 알 수 있는 백제의 대표적인 산성이다. 사적 제 4호이다.

출처 성흥산성 안내판

성을 쌓은 시기를 알 수 있는 백제 성곽

강경 황산대교를 건너 부여 임천으로 가는 길에는 안개가 자욱하여 몇 십 미터 앞을 분간할 수 없었다. 금강에서 피어 오른 물안개가 넓게 그리고 진하게 퍼져 있었다. 자주 다니는 길인데도 눈을 크게 뜨고 두리번거리며 조심 운전을 했다.

앞차와의 간격을 충분히 벌리고 운전하는데 뒤차가 말썽이다. 기회만 있으면 추월하려고 차 앞부분이 백미러에 보였다간 사라지고 여러 차례 반복하고 있다. 비켜 주었다. 그러나 그 차는 더 앞으로 나가지 못하고 또 꽁무니만 흔들고 있었다.

살아가는 것이 모두 안갯속이다. 조금만 조심하면 화를 당하지 않지만 허세를 부리면 무슨 일을 당할지 모른다. 집착이 문제다. 바보처럼 사는 것이 군자의 삶이

성흥산성에서 바라본
금강 유역

라고 했던가, 성흥산성을 찾아가는 길은 삶을 되돌아보게 만들었다.

성흥산성은 본래 가림성으로 백제가 부여로 왕도를 옮기기 전인 동성왕 23년 서기 501년에 도성을 수호하기 위하여 금강 하류 요충지인 부여군 임천면 성흥산에 돌로 쌓은 성이다. 당시 지명과 성을 쌓은 시기를 정확히 알 수 있어서 백제시대 성곽을 연구하는 데 매우 중요한 자료가 된다. 성의 형태는 산봉우리를 둥글게 둘러싼 테뫼식 산성이며, 지금까지 확인된 성의 둘레는 1,500m이다. 성벽의 높이는 대략 3~4m로 그리 높지 않으며 경사진 곳에 흙을 파내고 외벽은 돌로 쌓았다. 성 내에는 3개소의 우물과 군창지로 추정되는 건물지 초석 등이 남아 있으며 남문, 동문, 서문의 3개 문터가 남아 있다.

나당 연합군에 의해 백제가 멸망한 후 여러 지역에서 부흥 운동이 일어났을 때

성벽 위에 서 있는
성흥산성 사적비

당나라 장수 유인궤는 가림성은 험하고 견고하여 깨뜨리기 어려우니 다른 성부터 공격하자고 말했다고 한다. 또 신라 문무왕은 성흥산성의 중요성을 감안하여 군대를 파견하였으나 함락시키지 못하였다고 한다. 이러한 사실들은 성흥산성이 난공불락의 요충지임을 말해주고 있으며, 고려시대를 거쳐 조선시대 18세기 중엽까지 성을 사용한 것을 보면 방어시설의 가치를 충분히 짐작할 수 있다.

솔향 가득한 성흥산성 답사길

성흥산성이 있는 해발 260m 성흥산을 오르는 길은 여러 군데에 있다. 임천면사무소에서 성흥산성 남문으로 가는 길은 포장된 도로라 차를 타고 올라갈 수 있다. 면사무소에서 부여 방면으로 조금 가면 한고개가 나오는데 이곳에서 서문으로 오르는 길이 나 있다.

성흥산성 서문으로 오르는 길은 언제 걸어도 좋다. 길 양편으로 그리 크지 않은 소나무들이 도열해 있다. 특유한 솔향이 폐부를 자극하여 숨을 크게 들여 마시면 청량음료를 마신 듯 그 상쾌함에 나도 모르게 환호성을 지른다. 몸속에 움츠려 있던 기운이 용수철처럼 튀어 오른다.

드라마 서동요를 촬영해
유명해진 남문

등산로는 작은 오솔길로 소나무와 참나무 낙엽이 쌓여 있어 그 길을 걷는 느낌이 마치 구름을 밟는 듯 푹신하다. 지역 산악회 회원들이 정성들여 만든 표지판이 군데군데 있어서 길 잃어버릴 염려가 없으며, 길이 미끄러우니 조심하라는 글도 있다. 잠시 쉬면서 좋은 경치를 놓치지 말고 구경하라고 충청도 사투리로 구수하게 권유하는 글도 나무에 매달려 있다. 참 정감 있는 길이다.

성흥산성 답사는 성벽을 따라 도는 것으로 시작했다. 서문지에서 왼쪽으로 가니 동문지가 나왔다. 이 길은 무너진 성벽 위에 생긴 길이었다. 성벽 왼쪽으로는 5~7m 높이의 무너진 성벽이 낭떠러지를 만들어 놓았고 그 아래로 무너진 성돌이 여기 저기 쌓여 있었다. 오르락내리락 굴곡이 있어 조금은 긴장하면서 걸었다.

동문은 다른 지역 보다 조금 높은 곳에 있었다. 메주 모양으로 다듬은 돌로 양쪽에 둥그렇게 쌓아 올렸고 성문이 있던 자리에는 돌쩌귀가 있었다. 동문지에서 남문지까지 복원한 지 얼마 되지 않았는지 성돌이 깨끗해 보였다. 여기서는 가깝게는 임천면 소재지가 보였고, 멀리는 강경과 그 옆을 흐르는 금강이 보였다. 눈을 조금 높이 들면 하늘과 맞닿은 곳에는 계룡산도 보였다. 전망이 매우 좋은 요충지라는 생각이 들었다.

남문지 옆에 잘 생긴 느티나무 한 그루가 서 있다. 몇 백 년은 족히 살았을 거대한 나무로 '서동요'라는 드라마를 촬영하면서 서동과 선화공주가 사랑을 나누는 장면이 나오는데 이 때문에 '사랑나무'라는 이름을 얻게 되었다. 그래서 청춘 남녀들이 이 나무를 배경으로 사진을 찍으며 사랑을 나누는 명소가 되어 사랑나무가 오히려 성흥산성보다 더 알려져 있다.

나무 앞에는 사진 잘 나오는 곳이란 안내 표지가 있어서 멋있게 사진 한 장 찍어 볼만한 곳이다. 또 새해에는 해맞이 행사장으로 임천면과 그 주변에 사는 많은 주민들이 모여 새해 아침 떠오르는 해를 맞이하고 또 덕담을 나누기도 한다.

다른 지역에 비해 지대가 높은 곳에 자리잡은 동문

성흥산성 중앙에 있는 성흥루에 오르니 남쪽으로 유유히 흐르는 금강이 눈에 들어왔다. 저 강을 통해서 당나라 군대가 부여로 공격하였고, 멸망한 백제 의자왕은 저 물길을 따라 당나라로 끌려갔다. 찬란한 문화를 꽃 피운 백제였지만 멸망한

성흥산성 밑에 있는
대조사 미륵 석불

나라는 무너진 성터처럼 처량할 뿐이다. 백제 부흥 운동을 펼쳐 마지막까지 성흥산성을 지켰을 이름 모를 백제인들을 생각하며 말없이 흐르는 금강을 아쉬운 마음으로 조용히 바라보기만 했다.

성흥산 중턱에는 고려시대에 만들어진 대조사미륵보살 입상이 있다. 전설에 의하면 스님이 수도하다가 어느 날 한 마리의 큰 새가 바위 위에 앉아 있는 것을 보고 깜빡 잠이 들었는데 깨어나 보니 바위가 석불로 변해 있었다고 한다. 그래서 절 이름을 대조사라고 하였다. 이 석불은 크기에 비해 조각기법은 세련되지 않았고, 논산 관촉사미륵보살 입상과 닮았다. 미래를 구원한다는 미륵신앙에서 연유된 듯 중생을 바라보는 대조사 미륵불의 눈동자에서 자비를 느낄 수 있었다.

성흥산성이 주는 교훈

성흥산성에는 대비되는 두 인물에 대한 이야기가 전해져 온다. 하나는 백제 24대 왕 동성왕을 시해한 백가의 이야기요, 또 하나는 고려 때의 장군인 충절공 유금필에 대한 이야기이다.

백제 동성왕은 위사좌평 백가에게 신라의 공격을 대비해 성흥산성을 쌓고 지키게 하였다. 백가는 도성을 떠나고 싶지 않아 병이 들었다고 사양하였다. 이를 동성왕이 허락하지 않자 원망을 하게 되었으며 결국 자객을 시켜 동성왕을 암살하고 성흥산성에 숨어 있었다. 자신의 욕심 때문에 불안에 떨며 살다가 이곳에서 잡혀서

고려의 개국공신 유금필 장군 사당

결국 무령왕에 의해 참형 당하고 말았다.

고려 때 유금필 장군은 태조 왕건을 도와 고려를 개국한 공신이다. 후백제를 섬멸한 뒤 남방을 다스리고 있을 때 나라에 큰일이 생겨 왕건을 만나러 가다가 잠시 임천에 머무르게 되었다. 그런데 온 고을이 패잔병들의 노략질이 심한데다 나쁜 병까지 퍼졌다. 설상가상으로 흉년까지 겹쳐 백성들의 생활이 말이 아니었다. 그래서 장군은 고을의 창고를 모두 열어 식량을 나누어 주고 둔전을 운영하는 등 민심을 수습하는 선정을 베풀었다. 언제 죽을 줄 모르는 목숨을 이어오던 이 곳 백성들이 장군의 선정에 감복하여 살아 있는 유금필 장군의 사당을 세워 장군의 공덕을 기리며 해마다 제사를 드렸다. 장군이 죽자 고려 태조 왕건은 '충절'이라는 시호를 내렸다. 그 후 조선시대 때는 성종이 '태사유공지묘'라는 어필 현판을 내렸다. 지금도 성흥산성 안에는 태사 유금필 장군사당이 남아 있다.

산을 내려오면서 생각에 잠겼다. 하늘에 순응하는 자는 살고 하늘을 거역한자는 망한다고 했다. 남을 이롭게 하는 것은 하늘의 뜻을 따르는 것이요, 자신의 욕심을 채우는 행동은 하늘의 뜻을 거스르는 것이다. 백가와 유금필 장군의 이야기 속에서 앞으로 어떻게 살아가야할 것인가에 대한 해답을 찾을 수 있었다.

명활산성 성벽길

신라 왕권을 위협했던 반란의 근거지

경주 명활산성

경상북도 경주시 천군동에 있는 명활산성은 명활산을 둘러싼 신라시대 산성으로 토성 5km, 석성 4.5km이다. 신라 실성왕 4년(405년) 왜병을 격퇴했다는 기록으로 보아 그 이전에 쌓은 것으로 여겨진다. 사적 제 47호이다.

출처 명활산성 안내판

왜구로부터 경주를 지켰던 요새

그 해 여름은 정말 비가 자주 왔다. 많이도 내렸고, 길게도 내렸다. 여름 내내 장마 같은 비가 내리다 잠깐 해가 나온 날은 어김없이 열대야가 찾아왔다. 끈적끈적한 더위는 인간의 행동반경을 반감시키고, 사고의 폭도 단순하게 만들었다. 예전에는 날씨가 그리 중요한 줄 몰랐는데 기후가 인간의 문화 형성과 발전에 얼마나 큰 영향을 미치는지 몸소 체험을 했다.

명활산성을 찾아가는 날은 '덥다'가 아니라 '삶는다'는 표현이 적합했다. 엎친 데

정면에서 본 명활산성. 2단으로 축조한 성벽은 복원된 것이다.

덮친 격으로 기차 시간을 맞추지 못해서 아침시간에 답사한다는 계획은 물거품이 되었다. 게다가 차에서 내리는 장소를 잘못 알아 먼 길을 돌아가야만 했다. 가로수는 있었으나 그리 도움이 되지 않았다.

명활산 근처 보문호로 가는 길에서 명활산성으로 가는 길로 들어갔다. 오른쪽으로 작은 개천이 흐르고 앞에 기다란 산성이 나타났다. 명활산성의 첫인상은 마치 사방사업을 해 놓은 축대처럼 보였다. 2단으로 축조된 성벽은 복원한 것이어서 옛 모습은 전혀 찾을 수 없었다.

경주의 동쪽 명활산 꼭대기에 쌓은 둘레 약 6km의 명활산성은 축성 연대는 정확히 알 수 없으나, 『삼국사기』에 신라 실성왕 4년(405년)에 왜구가 명활성을 공격했다는 기록이 보이므로, 그 이전에 만들어진 성임을 알 수 있다. 또한 성을 쌓는 방법도 다듬지 않은 돌을 사용한 신라 초기 방식이라고 한다.

성의 위치가 경주와 가까이 있어 수도를 방어하는 매우 중요한 임무를 띠고 있었다. 그래서 자비왕 18년(475년)에는 명활산성을 궁성으로 사용하였다가 소지왕 1년(479년)부터 다시 월성으로 궁성을 옮겼다는 기록이 있다. 진흥왕 15년(544년)에는 성을 다시 쌓았고 진평왕 15년(593년)에는 성을 확장하였다고 한다.

명활산성 북쪽 성벽을 올라서자 그리 넓지 않은 밭이 보였다. 밭을 지나 작은 언덕을 넘어가니 또 넓지 않은 공간이 나왔다. 이 공간들은 신라시대 때 성내의 건물들이 있었던 곳으로 추정되는 곳이다.

왼쪽으로 능선을 따라가다 보니 돌무더기가 보였다. 원래 토성이었던 곳에 석성으로 개축한 흔적이 보였다. 보문호가 바라보이는 동쪽 성벽은 무너진 돌무더기가 마치 낫자루처럼 휘어져 있었다. 당시는 무척 큰 성이었으나 지금의 모습은 이곳에 명활산성이 있었다는 것을 알 수 있는 정도였다.

작은 바위에 앉아서 흐르는 땀을 닦았다. 그리고 눈 앞에 펼쳐지는 풍경들을 물끄러미 바라보았다. 빽빽하게 들어찬 소나무 사이로 부는 바람이 소리를 만들었다. 더운 날씨에 그리 유쾌하지 못한 소리를 동반한 바람은 땀으로 범벅이 된 살갗에 소름이 돋을 정도로 서늘했다.

명활산성 성벽에 오르면 성벽이 마치 저수지 둑처럼 보인다.

비담이 난을 일으킨 근거지

명활산성은 왜구로부터 경주를 방어하기 위한 산성이지만 신라의 왕권을 빼앗으려는 불순 세력 때문에 나라를 위태롭게 만든 산성이기도하다.

신라는 골품제도라는 철저한 신분제도가 존재한 나라다. 골품제도는 혈통의 높고 낮음에 따라 신분을 구분한 제도로서 성골만이 왕이 될 수 있었다. 진평왕 때 대가 끊겨 성골 남자가 없자 진평왕은 큰 딸 덕만공주에게 왕위를 물려주었다. 역사상 첫 여왕의 등극이었다. 전례가 없던 일이라 관리들과 백성들은 마음이 편치 못했다.

선덕여왕은 성품이 너그럽고 인자했다. 그러나 정치는 기대에 미치지 못한 것 같았다. 선덕여왕 11년에 백제 의자왕에게 40개의 성을 빼앗겼다. 중요한 것은 당나라로 가는 당항성마저 빼앗겨 당나라 태종에게 사신을 보내 위급한 사실을 알리기도 했고, 백제에서 신라로 들어오는 요충지인 대야성을 빼앗겨 누란의 위기를 맞기도 했다. 더 불안한 것은 후사가 없었다는 것이다.

후사가 없다는 것은 왕통을 이어가는데 서로 의견이 다를 경우 분란이 일어날 수 있다. 선덕여왕에게 후사가 없자 더 이상의 성골 남자가 없었다. 이에 기득권 세력은 다음 왕으로 진골인 상대등 비담을 추대하려고 했다. 그러나 새로운 세력인 김춘추와 김유신은 선덕여왕의 뒤를 이어 역시 성골인 진덕여왕을 추대하려고 했다.

상대등 비담은 선덕여왕 16년(647년)에 염종과 무리를 이루어 여왕은 나라를 잘 다스리지 못한다고 하여 반란을 일으켜 왕을 폐위시키고자 했다. 비담은 왕권을 차지하기 위해 치밀한 계획을 세우고 모든 경우의 수를 염두에 두고 완벽하게 준비한 후 거사를 일으켰다. 여왕이 정치를 잘못해서 나라를 위태롭게 한다는 대의명분으로 많은 귀족들을 자기편으로 만들었다. 그 후 경주에서 가까운 명활산성에 병력을 주둔시키고 여왕이 있는 경주를 공격하였다. 많은 군사를 이용하여 단숨에 정변을 성공시키려했다. 그러나 변수가 생겼다. 김유신 장군이었다. 김유신 장군은 비담의 많은 군사들의 공격을 힘겨웠지만 잘 막아냈다. 피아간의 공방은 계속되었고 서로에게 손실만 줄 뿐 결판이 나지 않았다. 그 때 자정 무렵 큰 별이 월성에 떨어지는 일이 생겼다. 이를 본 비담의 반란군은 여왕에게 변고가 있음을 알고 사기가 올랐다. 반면에 왕의 군사들은 반란군의 사기 오른 함성소리에 무서워서 벌벌 떨고 있었다. 이 때 김유신은 허수아비에 불을 붙여 연에 실어 하늘로 날려 보냈다. 그리고 두려움에 떨고 있는 병사들에게 소문을 퍼드렸다.

"어젯밤에 떨어진 별이 하늘로 다시 올라갔다."

이 말에 사기가 오른 진압군은 명활산성으로 전진하여 비담의 반란군을 무너뜨리고 말았다. 10여 일간의 공방전은 김유신 쪽으로 운이 기울었던 모양이다. 반란군을 진압한 후 김춘추와 김유신은 정권을 잡고 삼국통일을 이루게 된다.

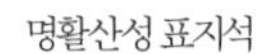
명활산성 표지석

권력은 하늘이 내린다

앉은 자리에서 땀을 식히며 또 다른 생각에 잠겨본다. 이 때 김유신이 아닌 비담이 이겼다면 비담은 왕이 되고 염종을 비롯한 권력을 잡은 공신들은 서로의 목소리가 커져 나라는 혼란에 빠졌을 지도 모른다. 그러면 삼국통일의 기반을 다지지 못한 채 한반도의 변방에서 근근이 왕조만을 이어갔을 것이다.

당나라는 단독으로 백제를 공격하지 못했을 것이고, 저 광활한 만주 땅을 호령하던 고구려가 강력한 힘으로 백제와 신라를 복속시키고 삼국통일을 이룩했을 가능성도 없지 않다. 고구려가 통일을 완성했다면 지금 우리나라는 어떤 모습이 되었을까? 궁금하다. 그러나 역사에는 가정이 없지 않은가?

더운 날씨와의 싸움은 인간의 인내력과 의지력으로 어느 정도 극복할 수 있다. 그러나 목숨을 건 권력 싸움은 열심히 노력한다고 해서 정권을 잡을 수 없는 것 같다. 권력 싸움은 피아간에 서로 이기기 위해 대의명분을 내세우고 많은 사람을 자기편으로 끌어들이지만 결국 승자와 패자가 있게 마련이다. 권력 싸움에서 의외의 복병이 존재하는 데 그것은 사람의 힘이 아니라 천운이라는 것이다. 그래서 권력은 하늘이 내린다고 하지 않던가. 비담은 이곳 명활산성에서 왕이 되어 천하를 호령하겠다는 허황된 꿈을 꾸다가 비참한 최후를 맞이했다.

욕심이 화를 불러온 사건을 볼 때마다 황금알을 낳는 거위가 생각난다. 상대등이면 지금의 국무총리로 갖고 있는 권력으로도 편한 세월을 보낼 수 있는데 굳이 왕이 되려는 욕심 때문에 결국 모든 것을 잃고 말았다. 이런 일들은 현대 사회를 살아가는 우리에게도 좋은 교훈이 된다.

고성리산성 아래 동강

동강을 지키기 위해 쌓은 산성

정선 고성리산성

강원도 정선군 신동읍 고성리에 있는 고성리산성은 해발 425m 산 정상에 테를 두른 듯 둥글게 공간을 두고 주변의 길목에서 잘 보이는 곳에 4군데로 나누어 축성하였다. 둘레는 630m로 건립 시기는 청동기 유물이 출토되어 삼국시대 이전에 축조되었을 가능성이 있다. 강원도 지방 기념물 제 68호이다.

출처 고성리산성 안내판

동강을 지키기 위해 쌓은 고성리산성

맑고 깨끗한 동강은 아침 물안개를 머리에 이고 굽이굽이 흐르다 또 놀고 돌아간다. 때로는 빠르게 흐르다가도 숨이 가쁘면 천천히 쉬어간다. 흘러가면서 산자락을 어루만지고, 바위를 쓰다듬는다. 동강은 아름다운 자연을 만든 조각가의 손이요, 신의 손이다.

예부터 강가에는 사람들이 모여 살았다. 강이 주는 이득 때문만은 아니다. 강은 만남의 장소요, 이별의 장소이기도 했다. 만날 기쁨을 기약하면서 떠나보내고, 만

산성에서 바라본
동강 구비

나면 또 헤어져야 한다는 슬픔이 교차하는 장소였다. 아낙네들은 마음이 허할 때 강가에 나와 가슴을 열어 놓고 눈물로 하소연을 하던 그런 장소였다.

아름다운 강은 때로는 외적이 침입했을 때 자연 방어선이 되기도 했다. 공격해 오는 적들이 강을 건널 시간에 힘없는 백성들은 산 속에 만들어 놓은 성으로 피신하여 목숨을 건졌다.

정선은 산이 많고 골이 깊어 이동의 불편이 많았다. 다행히 동강이 있어 외부와의 접촉을 이어갔다. 인간에게 여러 가지의 도움을 주는 강에 기대어 사는 사람들은 강을 지켜야 하는 책임도 안고 살았다. 그러니 정선사람들이 생명과도 같은 동강을 지키기 위해 고성리산성을 쌓은 것은 당연한 일이었다.

고성리산성 가는 길

고성리산성 답사는 기차를 타면서 시작되었다. 이름도 예쁜 예미역에서 내렸다. 늦은 점심을 먹고 한 대 밖에 없다는 개인택시를 불렀다. 눈앞에 나타난 택시는 승용차가 아니라 RV차량이었다. 도시에선 좀처럼 볼 수 없는 RV택시를 타 보니 기분이 새로웠고 신기하기까지 했다. 입담이 구수한 기사 아저씨는 강원도는 산지라서 고개가 높고 많아 승용차보다는 RV차가 더 좋다고 한다.

능숙한 솜씨로 운전을 하면서 강원도 자랑에 본인 자랑까지 재미있게 해 주었다. 얼마를 갔을까 작은 화물차 한 대 지나갈 정도의 작은 터널이 나타났다. 길이는 약 500~600m 쯤 되는데 전조등을 켜도 앞이 잘 보이지 않는 말 그대로 굴이었다. 80년대에 정선군 신동읍 주민들의 식수를 공급하기 위해서 뚫어 놓은 터널이라며, 그나마 이 굴 때문에 꼬불꼬불 구레기 고개를 넘지 않아도 된다고 보기는 초라해 보여도 아주 요긴한 터널이라고 한다.

어두컴컴한 터널을 빠져나와 고갯길을 내려서니 개발의 끈을 놓쳐버린 시골집 몇 채가 보였다. 조금을 더 가니 고방정이라는 아담한 정자가 나타났다. 근처에는 학교라기 보기엔 너무 작은 예미초등학교 고성분교장이 아담한 운동장과 함께 자리 잡고 있었다.

고성리산성 입구에는 장승 한 쌍이 서 있었다. 통나무를 깎아 만들어 세웠는데 두 장군의 표정은 장군이 갖추어야할 위엄보다는 익살스런 모습을 하고 있었다. 그 옆에 있는 동강 12경 생태탐방안내도에는 지도와 사진 그리고 고성리산성이 제 5경으로 소개된 짧은 안내문들이 있었다.

여유로움을 주는 탐방로

고성리산성은 강원도 지방 기념물 제 68호로 정선군 신동읍 고성리에 위치하고 있다. 언제 쌓았는지 정확한 기록은 없으나 삼국이 대립하던 시기에 고구려가 한강 유역을 차지하고 신라의 세력을 견제하기 위해서 이곳에 산성을 쌓았다고 전해온다. 그러나 성곽의 축조 형태나 성 안에서 돌화살, 돌칼, 토기 등의 청동기 시대 유물이 발견된 것으로 볼 때 삼국시대 이전에 만들어졌을 가능성도 있다고 한다.

고성리산성은 해발 425m 산 정상에 테를 두른 듯 둥글게 공간을 두고 주변의 길목에서 잘 보이는 곳에 네 군데로 나누어 축성하였다고 안내되어 있었다. 네 군데로 나누어 축성하였다는 말에 여느 성곽과 다른 특이한 점이 있는 것 같아 호기심이 생겼다.

고성리산성에서 발견된 건물터

산성을 오르는 길은 시작되는 부분이 블록과 콘크리트로 포장이 되어 있었다. 옛 성을 찾아가는 기분이 반감되었다. 그러나 길 양쪽으로 많은 종류의 들꽃들이 신을 넘이 온 깅바림에 춤추듯 몸을 흔들고 있었다. 평소에 들길에서 자주 보던 꽃들인데 아직까지 이름을 모른다. 야생

백운산이 바라다
보이는 고성리산성

화에 너무 무관심한 것 같다. 이번 답사를 끝내고 자주 보는 꽃만이라도 꼭 찾아 이름을 알아봐야겠다.

조금 더 올라가니 고성산성탐방로라는 표지판이 있었다. 그런데 표지판이 두 개 중 하나는 그냥 누워버렸다. 어찌 보면 관리 소홀이라고 질타할 수 있겠지만 오히려 비딱하게 있는 표지판은 보는 이에게 여유로운 기분을 갖게 만들었다. 아무래도 똑바른 것은 경직된 마음을 갖게 하지 않던가.

산길을 오르니 기분이 또 달라졌다. 다양한 나무들이 쏟아내는 입김이 온몸을 감싸 안았다. 콘크리트 포장 길이 끝나고 누런 흙길이 나오자 푹신한 느낌을 주었다. 간간이 보이는 바위가 마치 시루떡처럼 갈라져 있었다. 고성리산성은 아마도 여기에 있는 바위를 잘라 쌓았을 것 같은 생각이 들었다.

나무 사이로 난 오솔길을 걷다보니 갑자기 시야가 확 터졌다. 백운산이 하늘을

촘촘하게 쌓은 성벽.
군데군데 쐐기돌을
박았다.

향해 솟아 오른 모습이 보였다. 백운산을 배경으로 고성리산성은 매우 소박한 모습으로 얌전하게 자리하고 있었다. 산성 풍경은 마치 한 장의 사진을 보듯 모든 것이 멈춰 있었다.

산성은 오래전에 일부가 무너져 내려 방치되었다가 1997년부터 3년 동안 지표조사를 하고 보수, 복원도 했고 보존 가치가 인정되어 도 문화재로 지정받았다. 그렇다보니 옛 성은 옛 성이로되 옛 성은 아니다. 조금 진부한 표현을 쓴다면 늙은 홀아비 집에 새색시가 산다고나 할까, 오래된 성터엔 새로 깎은 성돌이 서로 조화를 이루지 못하고 있었다.

성안에 있는 넓은 공터는 마을 사람들이 밭으로 경작한 흔적이 보였다. 농사지을 사람이 없어서 인지 지금은 노란 민들레꽃이 지천으로 피어 있고, 먼저 진 꽃은 하얀 방울에서 홀씨를 바람에 날려 보내고 있었다.

네 군데로 나뉘어 있는 산성

성벽의 일부분이
허물어지려고 하고 있다.

고성리산성은 성곽이 네 부분으로 나뉘어 있는데 일련번호를 매겨 팻말을 꽂아 놓았다. 제일 먼저 만난 제 1산성은 길이가 60m 정도 되는데 정선방향을 바라보고 있었다. 성벽은 그리 크지 않은 돌을 다듬어서 쌓았다. 성의 형태는 활처럼 약간 휘어진 곡선을 이루고 있었다. 성벽 앞에는 정선 군수 명의로 산성을 안내하는 검은 비석이 있었다. 아마 이 곳에서

성벽 위에 강돌은 적을 향해서 던진 투석 무기다.

매년 산성제를 드리는 것 같았다. 그 뒤쪽은 성벽의 일부분이 허물어져 복원한 부분과 조화를 이루지 못한 채 방치되어 있었다.

제 2산성은 70m 정도인데 제 1산성과 달리 성곽 윗부분이 계단 형태로 쌓아져 있었다. 소나무 숲과 어우러져 고풍스러운 느낌이 물씬 풍겼다. 숲길을 따라 오르니 제 3산성이 나타났다.

제 3산성은 120m로 네 개의 성곽 중에서 가장 길었다. 또한 산성 내에서 가장 높은 곳에 축성되어 영월과 평창 쪽을 관망할 수 있으며 성 바로 아래로 동강이 눈에 들어왔다. 성벽 위로 걸어갈 수 있었는데 강돌 무더기가 여기저기에 있었다. 옛날 전쟁 때에 무기가 부족하면 투

제 2산성은 경사지에 쌓아 계단식이다.

고성리산성 제 3산성.
팻말 뒤로 성벽과 강돌이
보인다.

석전을 하기 위해서 동강에서 무기로 쓸 만한 돌을 쌓아 놓은 것 같았다.

마지막 제 4산성은 거의 일직선으로 축성되었으며 그 끝에는 치성이 있었다. 성벽에는 해 묵은 이끼가 끼어 오래 전 이 성을 쌓은 조상의 손길이 남아 있는 것 같았다. 그러나 군데군데 복원되어 고풍을 느끼기엔 다소 미흡했다.

답사를 하면서 네 군데로 나누어 축성하였다고 안내되어 관심을 갖고 유심히 살펴보니 원래는 둥근 모양의 테뫼식 산성이었는데 세월이 흘러 무너져버리고, 남아 있던 곳만 다시 쌓다보니 네 곳에만 성벽이 남아 있는 것 같았다.

고성리산성 제 4산성

동강으로 향했다. 고성분교 뒤쪽 주차장에 대형 버스가 4대나 주차되어 있었다. 동강 트레킹을 한 사람들이 무리지어 빈대떡에 막걸리로 시장기를 달래고 있었다.

고성리산성의 치성

강을 지키기 위해 고성리산성이 축성되었지만 이곳에서 큰 싸움이 있었다는 기록이 없는 것으로 보아 동강의 아름다운 풍경처럼 마음 편하게 살아온 고성리 사람들이 부러웠다. 돌아오는 길에 문명이 잠깐 비껴 간 곳에서 단 며칠만이라도 조상들의 삶을 살아보고 싶다는 욕망이 끊임없이 머릿속을 흔들어 놓았다.

이끼가 낀 성벽이 세월을 말해주고 있다.

원형이 남아 있는 노성산성 서벽

사비성 길목에 쌓은 전초기지

논산 노성산성

충청남도 논산시 노성면 송당리에 있는 노성산성은 348m 노성산의 봉우리를 둘러싸고 있는 테뫼식 산성으로 둘레는 894m이며 백제시대부터 조선시대까지 사용되었던 성이다. 사적 제 393호이다.

출처 노성산성 안내판

백제의 사비성으로 들어가는 길목

한강 유역에서 나라를 연 백제는 수도를 두 번이나 옮겼다. 고구려의 침공으로 개로왕이 전사하자 그의 아들 문주왕이 한성에서 웅진, 지금의 공주로 수도를 옮겼고, 백제를 부흥시키기 위해서 성왕은 웅진에서 사비, 지금의 부여로 수도를 다시 옮기면서 나라 이름도 '남부여'라고 바꾸었다.

사비로 도읍을 옮긴 성왕은 지방을 다섯 개의 방으로 나누어 오방제를 실시하였는데 그 중 동방은 사비성의 동남쪽 100여 리 떨어진 곳에 위치했다고 하니 지금

복원된 성벽이 옛것과 뚜렷하게 대비되는 남쪽 성벽

의 논산지방으로 추정하고 있다. 논산은 남쪽이 연산면으로 대전과 금산에서 가깝고 또 황산벌 전투가 일어난 곳이고, 북쪽이 노성면으로 부여, 공주와 인접해 있어 신라 서라벌에서 백제 사비성으로 들어가는 길목이라 할 수 있다.

노성산성이 있는 노성산은 논산 시민이 가장 많이 이용하는 산책 코스이다. 명재고택에서 시작하여 잘 닦여진 임도를 따라 30분 정도 오르면 노성산성과 만날 수 있다. 오르는 길 양 옆으로는 벚나무가 규칙적으로 심어져 있고, 산 주위에는 소나무와 도토리나무가 우거져 있다. 길옆 중간 중간에는 나무로 만든 시비가 세워져 있으며 임도 옆의 공터에는 간단한 운동기구가 설치되어 산을 오르다가 운동도 할 수 있고 몇 편의 시도 읽을 수 있다.

노성산 정상에 돌로 쌓은 테뫼식 산성

노성산성은 메주보다 조금 큰 돌을 잘 다듬어 쌓은 성벽이 100m 가깝게 펼쳐져 있었다. 그 옆으로 무척 오래된 나무가 비스듬히 서서 성벽을 호위하는 모습으로 답사객을 맞이하였다. 성벽 오른 쪽에는 최근 발굴되어 복원된 남문이 눈에 들어왔다. 성벽 기단 부분의 성돌은 짙은 초록색의 이끼가 끼어 옛 모습을 느끼게 하지만 기단 윗부분의 성돌은 하얗고 깨끗한 돌들로 복원되어 서로 조화를 이루지 못해서 예스러움은 없고 오히려 깔끔한 느낌만 들었다.

세월의 무게를 버티지 못해 무너진 성벽

노성산성 안내판을 읽은 후 산 정상쪽으로 올라가니 '삐쭉한' 바위가 나타났다. 앞쪽엔 총석사라고 한자로 음각되어 있었다. 예전에 총석사라는 절이 있어나 보다. 바위 사이로 올라가니 뒷면에는 바위 세 개가 있는데 거기에는 삼신암이라는 한자를 새겨 놓았다. 바위 옆에는 사찰처럼 화려한 단청을 입혀 놓은 꽤 큰 건물이 있었는데 삼종대성전이라 안내되어 있었다.

노성산성은 해발 310m의 그리 높지 않은 노성산 정상에 돌로 쌓은 테뫼식 산성이다. 테뫼식 산성은 마치 머리에 띠를 두른 듯 산 봉오리를 동그랗게 둘러싼 모양의 산성을 말하는데 둘레는 900m 정도이며 높이는 지형에 따라 조금씩 차이가 있지만 대략 2~4m 정도이다. 남쪽 부근의 성곽은 7m 정도로 높게 축성된 곳도 있었다.

백제는 성을 쌓을 때 흙을 다져 시루떡처럼 쌓는 판축법을 많이 사용하였는데 노성산성은 돌로 쌓았다. 성벽의 속은 자연할석을 이용하여 쌓았고 겉은 메주 모양으로 잘 다듬은 돌로 쌓았다. 정상 부근의 성곽은 원래의 모습이 허물어졌지만 4~5단 정도의 성벽이 남아 있어 옛 모습을 추정할 수 있었다.

노성산성에 남아 있는 흔적들

노성산성의 성내에는 우물 4개소가 있는데 지금도 사용하고 있으며, 장군이 병사를 지휘하는 장대지와 통신수단인 봉화대의 흔적이 남아 있다. 산성을 발굴 조사할 때 백제시대 토기부터 조선시대 유물까지 다양한 시대의 유물이 출토되어 오랜 기간 동안 성곽을 사용한 것으로 추정하고 있다.

부여 방향으로 드나들던 서문지는 무너져 내렸다.

산성 지도를 보면 남문지, 서문지, 동문지가 있어 세 방향에서 오를 수 있다고 그려져 있었다. 서문지는 부여 방향으로 난 문인데 형태만 남아 허물어진 채 그대로 있으며 잡목이 우거져 겨울에 잡초가 없을 때나 답사가 가능해 보였다. 서쪽 성벽은 가파른 곳에 축성되어 있어 적병이 성벽에 도달했을 때는 싸울 힘이 없을

들여쌓기 공법으로
복원한 남문지

정도로 지치게 만들어 성곽을 수월하게 방어할 수 있어 보였다.

남문지는 노성면 사무소에서 올라오는 곳에 있었다. 남문지는 산성 보수 공사를 하다가 땅 속에 묻혀 있는 것을 발견했다. 발굴 조사를 통해 남문의 구조와 성문 통행하는 방법 등을 연구하고 있다고 한다. 남문은 들여쌓기 방법으로 축성하였는데 땅 속에 묻혀 있어서 원형이 잘 보존되이 이를 토대로 지금의 모습으로 복원해 놓았다.

정자가 있는 정상 부근은 비교적 넓고 평평한데 이곳은 장대지로 추정되었다. 그 곳에서는 멀리 계룡산이 보이고, 공주로 가는 도로에 차량이 달리는 모습을 볼 수 있었다. 반대쪽으로는 논산평야 사이로 부여 가는 길이 한 눈에 들어왔고 금강도 어렴풋이 보였다.

노성산성에서는 논산의 황화산성 봉화대와 부여 임천의 성흥산성 봉화대를 관

큰 돌을 걸쳐 놓아 성안의 물을 밖으로 내보내는 수구의 흔적

측할 수 있으며 부여길, 공주길, 부여 가는 뱃길을 모두 조망할 수 있어서 백제 수도의 길목을 지키는 아주 중요한 산성으로 평가하고 있다. 또 조선시대까지 성곽으로 사용하였다 하니 노성산성의 가치가 인정된 셈이다.

정상에서 내려가는 길은 무너진 성돌로 계단을 만들어 놓았다. 조금 더 가니 무너진 석축 사이로 성내의 물을 밖으로 내보내는 시설인 수구문의 흔적을 찾을 수 있었다. 이 수구문의 석축은 2~3단 쌓아 올린 석축 위에 1~2m의 큰 돌을 걸쳐 놓았고, 그 위에 쌓았던 성곽은 무너져 흔적을 찾을 수 없었다. 생각 없이 보면 작은 돌다리로 보였다.

아래쪽으로 내려가자 흙을 북돋아 놓은 모습이 토축의 흔적인 것처럼 보였고, 그 아래로는 남쪽 성벽과 다르게 메주 모양의 겉돌은 허물어져 없어지고 다듬지 않은 자연석을 얼기설기 쌓아 놓은 속돌만 보이는 곳이 여러 곳에서 목격되었다. 서벽과 남벽은 복원하여 옛 모습을 잃어 아쉬운 마음이 있었는데 동문지에서 남문지까지의 성벽은 허물어져 그 형태를 잘 알아볼 수 없으니 그 또한 섭섭한 마음을 감출 수 없었다.

노성산성 주위에 산재한 문화 유적

산 정상에는 '이성산정'이라고 한자로 쓴 현판을 걸어 놓은 정자가 있었다. 노성산의 옛 이름은 여승 '니' 자를 써서 이산이라 하는데 산의 모양이 비구니가 장삼을 입고 곱게 앉아 있는 모습이라 하여 이산이라고 불렀다고 한다.

노성의 옛 이름 이산은 역사에 등장하는데 《회니논쟁(懷尼論爭)》이 그것이다. 회니논쟁은 1659년 효종이 죽자 인조의 계비인 자의대비의 복상 문제로 시작된 예송의 결과에 대한 논쟁이다. 이 때 실각한 남인에 대한 처벌에 대하여 집권층인 서인이 강·온 양파로 의견이 나누어져 온건을 주장하는 소론의 영수인 윤증과 강경을 주장하는 노론의 영수인 송시열 사이에 치열한 논쟁이 벌어졌다. 이 논쟁의 이름은 송시열이 살던 회덕(懷德)과 윤증이 살던 노성의 옛 이름 이산(尼山)의 첫 글자를 따서 붙였다고 한다.

노성산성 주위에는 문화 유적이 산재해 있다. 공자의 영정을 봉안한 노성 궐리사가 있고, 조선시대 공립 교육기관인 노성향교가 있다. 향교 옆에 있는 명재 윤증 선생의 고택은 조선시대 양반가의 건축 문화를 엿볼 수 있다.

조금 떨어져 있지만 파평 윤씨 가문의 자재들을 가르치기 위해 설립한 사립 교육기관인 종학당은 고르바쵸프 구 소련 서기장이 다녀갔다고 하니 꼭 답사해야 할 문화재라는 생각이 들었다. 다양한 문화재를 빨리 보고 싶은 욕심은 발걸음을 가볍게 만들어 주었다.

자연석으로 얼기설기 쌓았으나 무너진 성벽

당항성 성벽

당나라와 왕래하던 서해 관문

화성 당항성

경기도 화성시 서신면 상안리에 있는 당성은 구봉산 정상부와 계곡, 능선에 쌓은 산성으로 가장 먼저 쌓은 성은 삼국시대 때 둘레 363m의 테뫼식 산성이고, 두 번째 쌓은 것은 1,148m로 포곡식 산성이다. 대중국 항로의 기착지로서 역사적인 중요성이 매우 큰 유적이다. 사적 제 217호이다.

출처 당항성 안내판

당항성 찾아가는 길

당성이라고도 부르는 당항성을 찾아가기 위해 수원역 앞에서 버스를 탔다. 운전기사에게 당항성이 있는 상안리에서 내려달라고 했다. 그런데 문제가 생겼다. 기사 아저씨는 당항성의 위치를 알지 못하고, 상안리라는 정류장도 상안리, 상안 1리, 상안 2리, 신흥사, 상안리주민센터 등 5개의 정류장이 모두 상안리라는 지명과 관계있다고 하니 어느 곳에서 내려야 할지 난감했다. 이럴 때 중요한 것은 인터넷에 나온 지명이 가장 정확하다는 생각으로 상안리에서 내렸다.

내린 곳 왼쪽엔 공장이 있고, 오른쪽에는 낮은 야산이 있을 뿐 표지판이나 산성은 보이지 않았다. 다행히도 길가 작은 텃밭에 마늘을 심는 노부부가 보였다. 길을

잡목이 우거진 성벽

찾을 때는 지역 주민에게 물어보는 것이 가장 정확하다. 노부부는 앞에 보이는 낮은 야산에 당항성이 있다고 알려주었다. 순간 수원역에서 이곳까지 오는 동안 갖고 있었던 하차 지점에 대한 불안감이 '휴'하는 소리와 함께 확 날아가 버렸다.

도로를 따라 조금 내려가니 당항성 입구를 알려 주는 표지판이 나왔다. 무척 반가웠다. 기분이 좋아 사진 한 장을 찍었다. 그런데 재미있는 모습이 눈에 띄었다. 작은 개천의 벽을 마치 성곽 쌓듯 돌을 쌓았고, 과수원과 당항성 진입로의 경계도 50cm 정도 높이로 성벽처럼 길게 돌을 쌓아 놓았다. 이곳에 돌을 쌓은 사람은 당항성의 입구니까 문화재 홍보차원에서 성곽 흉내를 낸 것이 아닌가하는 생각이 들었다. 그것이 사실인지는 모르겠지만 성곽을 답사하러 다니다 보면 이런 광경을 종종 목격한다.

당항성 가는 길은 좁고 구불거렸다. 이렇게 산성이 보이지 않는 길을 찾아가야 할 때는 공중부양하는 능력이 있으면 좋겠다는 생각을 했다. 높은 곳에서 내려다보면 성곽의 위치는 물론 규모라든가 축성 형태를 한 눈으로 볼 수 있기 때문이다.

그러나 이런 능력은 공상일 뿐 성곽이 어딘지 몰라서 그냥 지나친 곳도 있었고, 산성과는 동떨어진 능선을 헤맨 적도 있었다. 그런데 조금 더 산길을 오르자 산 중턱에 당항성이 보였다. 이제 성을 찾았으니 안심이 되었다. 이제 다리품만 팔면 되었다. 산을 오르는데 등줄기에 땀이 솟았다. 힘이 들 때면 버릇처럼 꾀가 생겼다. 성곽이 저기 있으니 길 따라 가지 말고 직선거리로 길을 만들어 질러가자는 생각이었다.

가시덤불과 칡넝쿨을 헤치면서 산 위로 올라갔다. 산이 완만하여 오르는데 힘은 들지 않았다. 평소 같으면 뱀이나 땅벌 걱정을 했을 텐데 날이 추워 뱀도 땅벌도 아직은 없을 때라 걱정하지 않고 열심히 걸었다. 그 때였다. 노루인지 고라니인지 고만한 동물 두 마리가 후다닥 거리며 도망을 쳤다. 순간 가슴이 철렁 내려앉았다. 아니 고라니가 있다면 멧돼지도 있지 않을까 하는 생각에 온 몸에 소름이 쫙 끼쳤다. 소리를 안 내려고 동작을 작게 해서 마치 고양이 담벼락 지나듯 그렇게 산성에 도착하였다.

당나라와 교역을 하는 중요한 관문

산성은 깨끗하게 복원되어 있었다. 묵은 돌보다는 새 돌이 더 많았다. 마치 굴러온 돌이 박힌 돌 뺀 형국이었다. 산성이 오래되어 훼손이 심해서 복원을 했겠지만 지금의 모습은 복원했다기보다는 새로 쌓았다는 느낌이 들 정도였다.

당항성은 처음에는 백제의 영역이었는데 광개토대왕에서 장수왕 때까지 고구려가 점령하여 당성군이라 불렀다. 그 후 신라 진흥왕 16년(555년) 신라가 이 지역을 점령하여 당항성이라고 불렀다. 또 선덕여왕 11년(642년)에는 백제가 신라의 서쪽 성 40여 성을 빼앗으면서 당나라로 가는 길을 막아버리자 이 사실을 당나라에게 알려 신라와 당나라가 연합하는 계기를 만들어주었다.

이렇듯 백제, 고구려, 신라가 이 당항성을 서로 수중에 넣고자 한 것은 당나라

새로 쌓은 것처럼 말끔하게 복원한 당항성 성벽

로 가는 안전한 뱃길을 확보하여 새로운 문물을 받아들이기 쉽고, 서해 바다의 해상권도 장악할 수 있기 때문이었다.

테뫼식과 포곡식을 결합한 축성 양식

이 성은 쌓은 시기를 달리하는 성벽들로 구성되어 있다. 가장 먼저 쌓은 성벽은 삼국시대 때 테뫼식으로 쌓은 성벽인데 둘레는 363m이며, 성의 아랫부분인 기단에 성돌을 덧쌓아 성벽이 무너지지 않도록 축성하였다. 두 번째는 장방형의 포곡식 성벽으로 둘레는 1,148m으로 발굴 조사 결과 산 정상의 테뫼식 산성의 협소함을 보강하기 위해 통일신라 말기에 포곡식 성벽을 새로 쌓은 것으로 추정하고 있는데 성 내에서 통일 신라 시대의 유물이 많이 출토되어 이러한 사실을 뒷받침한다고 한다.

누가 언제 사용했을지 궁금해지는 당항성 샘

성벽 바깥쪽에서는 기와 조각들을 쉽게 찾을 수 있었다. 기와 겉면에 다양한 문양과 함께 마치 기와를 만든 사람이 자신이 만들었다는 표시를 한 것처럼 네모난 도장을 찍은 것 같은 기와편도 있었다.

성벽 길에는 소나무와 어우러져 산책길이 조성되어 있었다. 바닥에! 산디가 깔려 있고 그 위로 솔잎이 깔려 있어 폭신한 느낌이 발끝으로 전해져 왔다. 조금 전에 가시덤불과 칡넝쿨 사이에서 갈 길을 몰라 주춤대던 때와는 전혀 다른 느낌이었다. 마음의 평화가 밀려왔다. 심호흡을 했다. 소나무 향이 가슴 깊숙이 들어왔다. 소나무는 많은 양의 피톤치드를 쏟아내는 것 같았다.

부드럽고 완만한 산책길
같은 성 안쪽 오솔길

성 안에는 샘터가 있고, 그 주변에 건물터 있었던 곳으로 추정되는 넓은 평지가 있었다. 서쪽 성벽을 따라 올라가니 정상부에 돌무더기가 보이는 데 망해루 터라는 안내판이 서 있었다. 이곳에서는 우거진 나무 사이로 서해 바다가 눈에 들어왔다. 옛날 이곳에서 수많은 관원, 승려, 상인들이 미지의 세계에 대한 기대감을 안고 당나라로 떠났을 것이다.

원효대사의 전설이 남아있는 곳

문무왕 원년(661년) 원효대사는 도반인 의상과 함께 당나라로 공부하러 가는 도중에 이 곳 당항성에서 하룻밤을 잤다. 밤중에 목이 말라 어둠 속에서 물을 찾아 달게 마셨다 다음 날 어제 밤에 달게 마신 물이 더러운 해골 물임을 알고는 '이 세상의 모든 것은 오로지 마음에서 일어나며, 모든 법은 오로지 인식일 뿐이다. 마음 밖에 법이 없는데, 어찌 따로 얻을 필요가 있겠는가(三界唯心 萬法唯識 心外無法 胡用別求)'라는 깨달음을 얻고는 당나라 유학을 포기하였다는 전설이 전해진다.

그러나 원효대사가 깨달음을 얻었다는 곳은 당항성 말고도 여러 곳이 있어 확실하지는 않지만 당나라와 왕래하던 중심지여서 이곳일 가능성이 높다고 한다.

바다와 인접한 해발 165.7m인 구봉산은 그리 높지는 않았다. 구봉산 정상부와 당항성을 돌아보고 남쪽 성벽에 서서 바다를 바라보았다. 태양의 강한 빛이 반사되어 어렴풋하게 서해 바다의 여러 섬들이 점점이 눈에 들어왔다. 가져간 카메라로 그 모습을 담으려고 했다. 그러나 사각형의 평면에다 그 모습을 담기는 어려웠다. 그냥 눈으로 보는 것이 더 좋았다.

당항성 답사를 마치고 내려오는 길은 많은 나무들이 벌목되어 있었다. 임도를

당항성에서 바라본
서해 바다

개설하려는지 멀리까지 볼 수 있어서 좋으나 가슴이 텅 빈 느낌이 들었다. 산불 방지와 육림을 위하여 임도는 꼭 필요하다고는 알고 있지만 자연 그대로가 더 좋다는 생각이 들었다.

잠시 깊은 생각에 빠져 걷다보니 처음에 오르던 길과 다른 길로 가고 있다는 사실을 알게 되었다. 그러나 이미 때는 늦었다. 다시 올라가기에는 체력이 뒷받침 되질 않았다. 가다보면 길이 나오겠지 무작정 걸었더니 '신흥사'라는 절이 나왔다. 절이 부척 깨끗하였고, 청소년 수련원이 있는 매우 큰 절이었다. 시간이 허락된다면 좀 더 둘러보고 싶었는데 기차 시간이 빠듯해서 아쉬운 발길을 돌렸다.

무너진 황산성 성문지

계백장군의 충절, 황산벌에 잠들다

황산벌 지역 성곽

충청남도 논산시 연산면 관동리에 있는 황산성은 386m 함지봉의 험준한 산봉우리에 위치하고 있는 테뫼식 산성이다. 성의 둘레는 870m이며 백제시대부터 조선시대까지 두루 사용된 성이다. 충청남도 기념물 제 56호이다.

출처 황산성 안내판

백제 멸망을 예고하는 징조들

의자왕은 641년 왕위에 올라 집권초기 강력한 왕권을 행사하며 신라를 공격해 40여 성을 빼앗아 백제 부흥의 기틀을 바로 세우는 듯했다. 그러나 시간이 지나면서 치세에 대한 자신감이 자만심으로 바뀌면서 정치보다는 주색잡기에 빠져 버렸다.

의자왕 17년 마흔 한 명의 아들들을 백제 최고의 관직인 좌평으로 임명하고 각기 식읍까지 내려주자 신하들과 백성들은 의자왕에게서 등을 돌리기 시작하였다.

한편 의자왕 19년 봄에는 여우 떼가 궁중에 들어왔는데 그 중 흰 여우 한 마리가 상좌평 책상에 올라앉는 괴이한 일이 벌어졌다. 그 해 여름 태자궁에서는 암탉

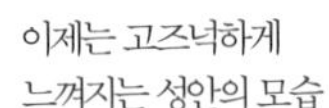

이제는 고즈넉하게 느껴지는 성안의 모습

이 참새와 교미를 하였고, 가을에는 여자 시체가 생초진에 떠내려 왔는데 길이가 18척, 그러니까 5m가 훨씬 넘는 장신의 시체였다. 9월엔 대궐 뜰에 있는 홰나무가 사람의 곡성처럼 울었고 밤에는 대궐 남쪽 행길에서 귀곡성이 들렸다고 한다.

의자왕 20년에는 우물이 핏빛으로 변했고, 사비하의 물이 핏빛과 같이 붉어졌다고 한다. 그리고 웬 귀신이 대궐에 들어와 "백제가 망한다. 백제가 망한다."고 크게 외치고 땅 속으로 들어갔는데 이상하게 생각하여 땅을 파 보니 거북 한 마리가 발견되었다. 그 거북 등에는 "백제는 보름달 신라는 초승달"이라는 문구가 있었다고 한다. 이것은 보름달은 다 찼으니 기울어질 것이요, 초승달은 점점 차오를 것이니 백제는 망하고 신라는 흥한다는 것을 예언한 것이었다.

백제 멸망을 예고하는 여러 가지 징조는 현실성이 없다. 역사는 승자의 기록이므로 멸망을 예고하는 일들은 역사적 사실이라기보다는 멸망의 당위성을 나타내기 위해 후대 역사가가 대의명분용으로 지어냈을 가능성이 많다는 생각이 들기 때문이다.

황산벌 전투와 계백장군

백제 의자왕이 쾌락에 빠져 정사를 소홀히 하고 있을 무렵 13만 대군을 이끈 소정방은 바다를 건너 인천 앞바다에 있는 덕물도에서 공격 대기하고 있었고, 김유신이 지휘하는 5만의 신라군은 상주의 금돌산성에서 출병하였다. 당나라군은 금강을 따라 부여로 공격하였고, 신라군은 금산 쪽에서 쳐들어 왔다. 위기에 빠진 의자왕은 우선 계백장군에게 5천 군사를 주어 황산벌에 가서 신라군을 막으라고 명령했다.

계백장군은 백제의 패망을 예감하였다. 죽음을 각오한 5천 결사대를 뽑아 출정하면서 "한 나라의 군사로서 당나라와 신라의 많은 군사를 당해내게 되었으니 나라가 보존될지 멸망될지 알 수 없다. 내 처자가 잡혀가서 노비가 될까 염려되니 살아서 그들에게 욕보이는 것보다는 죽이는 것이 통쾌하다."하고 마침내 처자를 다

죽이고 나라를 위해 목숨을 버릴 것을 각오하였다.

그리고 황산벌에 도착한 계백장군은 "옛날에 월나라 왕 구천은 5천명으로 오나라 70만 군사를 쳐부쉈으니 오늘날 우리들은 마땅히 기운을 내어 최후의 승부를 결정하여 나라의 은혜를 갚아야 할 것이다."라고 비장하게 말하면서 군사들의 사기를 끌어 올렸다.

황산벌 전투는 의자왕 20년(660년) 7월의 무더위 속에서 벌어졌다. 전장에 도착한 계백은 3곳에 진영을 설치하였다. 세 갈래로 나누어 공격하는 신라군을 맞아 4번 싸워 4번 모두 이겼다. 사생결단으로 싸웠다.

이 때 한 명의 영웅이 신라 쪽에서 나타났다. 그가 바로 화랑 관창이다. 관창은 네 번 싸워 모두 진 신라군에게 떨어진 사기를 살리기 위하여 적진에 뛰어 들어가 싸웠으나 백제군에게 사로잡혔다. 계백은 관창이 어리고 용맹함에 감탄해 죽이지

황령고개에서 본 황산벌이 안개에 쌓여 있다.

않고 살려서 돌려보냈다.

말에 실리듯 돌아온 관창은 물 한 모금 마시고는 혼자 다시 적진으로 돌진하였으나 또 사로잡혔다. 계백은 결국 목을 베어 말안장에 매달아 돌려보냈다. 관창의 용감한 죽음에 신라군은 사기를 회복하여 수적으로 열세한 백제군을 공격하였다. 백제군은 죽기로 싸웠으나 결국 중과부적으로 황산벌에서 전멸했다. 계백도 장렬히 전사하고 말았다.

황산벌 주변에 남아 있는 유적 답사

황산벌은 논산시 연산면 신양리 근처이다. 지금도 당시에 쌓은 산성의 흔적이 남아 있다. 그리고 백제군이 주둔했던 산직리 일대에는 신라군과 싸워 승리했다는 승적골과 전멸한 백제 군사들을 장사 지냈다는 장골이 지명으로 남아 있다.

황산벌에서 조금 떨어진 부적면에는 가장골이란 동네가 있다. 이곳은 백제 유민들이 계백장군의 시신을 가매장했다고 불리는 지명이며, 수락산도 머리가 떨어졌다는 의미로 두 지명 모두 계백장군의 죽음과 관련이 있다고 한다.

지금도 3진에 해당하는 산직리산성, 황령산성, 모촌리산성이 남아 있고 황산벌에서 조금 떨어진 곳에 황산성과 외성리 산성의 성벽도 남아 있다. 이 중 산직리 산성과 황산성은 돌로 쌓은 석성이며 나머지 산성들은 토성이다.

황산벌 답사는 산직리산성을 찾는 것부터 시작하였다. 산직리산성은 장골 마을의 뒷산에 있었다. 풀숲을 헤치며 산을 오르니 넝쿨에 가려진 산성의 흔적이 나타났다. 돌무더기가 산 중턱에 길게 남아 있었다. 칡넝쿨과 찔레넝쿨이 산성을 뒤

백제의 전몰장병들을
장사지냈다는 장골 입구

무너진 백제사직처럼
주저앉은 산직리산성

덮고 있어 성의 온전한 모습을 볼 수 없었다. 마치 돌무더기를 쌓아 방치해 놓은 것처럼 보여 무척 아쉬웠다. 산성에 서니 호남고속도로가 한 눈에 들어 왔다.

내려가는 길에 산언저리 밭을 일구시는 할머니께 산성에 대해 여쭈어보니 옛 어른들이 그 산성이 훼손되면 마을이 쇠락한다고 했다는 말씀을 하시면서 동네 앞 도로를 건설할 때 성돌을 가져가 도로공사에 사용했다고 하셨다. 산성이 훼손되면 마을에도 쇠한다는 옛 어른의 말처럼 지금 산직리 마을은 몇 가구만 남아 쓸쓸해 보였다.

모촌리 산성은 양촌면 신흥리와 모촌리 사이에 있는 토성산 정상에 있다. 높지도 넓지도 않은 산을 온통 뒤졌지만 성의 흔적을 발견하기는 쉽지 않았다. 모촌리로 내려와 노인회관 앞에 계신 어르신에게 산성의 위치를 여쭈어 보았더니 성의 흔적이 확실치 않아 찾기 어렵다고 말씀하시면서 일 년에 몇 차례씩 모촌리산성을 찾아오는 학생들이 있다고 하신다. 천오백년 전 역사의 흔적을 찾으려는 노력이 이

세월의 무게를 이기지
못하고 무너진 성벽.
보수가 시급하다.

어지고 있다는 사실에 무척 기분이 좋았다.

마지막으로 황산성을 찾았다. 황산성은 황산벌 전투시 계백장군이 오천 결사대를 지휘하던 곳이라 하는데 확실치는 않다.

황산벌 전적지 안내판

황산성은 일명 황성이라고도 하며 논산과 연산 일대를 내려다 볼 수 있는 386m의 함지봉의 험준한 산봉우리에 축성한 테뫼식 산성이다. 부여 사비성으로 가는 중요지점에 위치하고 있다. 성의 둘레는 870m의 소규모이며 성 높이도 2m 정도가 된다.

남문 쪽으로 올라가니 물이 고여 있는

황산성에서 바라본
연산면 일대

작은 연못같은 우물이 있었다. 성벽은 칡넝쿨에 쌓여 있어 성의 모습을 한 눈에 보기 어려웠다. 작은 언덕을 넘어 동문지 쪽으로 가자 돌무더기가 산허리를 감고 죽 늘어서 있는데 역시 칡넝쿨에 싸여 형태만 알아볼 수 있을 뿐 축성 방식은 전혀 알아 볼 수 없었다.

발길을 돌려 장대지 쪽으로 가자 그 나마 성벽다운 성벽이 나타났다. 이끼가 긴 성돌이 마치 메주 모양으로 가지런히 축성되어 있었다. 이곳에는 꽃나무도 심고 안내판도 세워 돌무더기가 백제 시대 성곽임을 알리려는 노력이 눈에 보이는 듯하였다.

황산벌 전투 재현으로 잊혀진 역사 찾기

논산시에서는 백제문화제 때 황산벌 전투 재현행사를 벌인다. 유명 배우들이 등장하여 황산벌전투를 드라마 형태로 재현해 준다. 전쟁 장면도 많은 인원을 동원하여 실감나게 보여주어 계백장군의 충의정신을 널리 알리고 잊혀진 백제 역사 찾기에도 힘을 쏟고 있다.

계백장군 묘는 깨끗하게 잘 보존되어 있고, 사당인 충장사도 새로 지어 매년 제향행사를 하고 있다. 또한 서원에서는 주로 문관들을 배향하지만 근처에 있는 충곡서원에서는 무관이었던 계백장군도 배향하고 있으니 한 번 둘러보는 것도 좋겠다.

계백장군 묘역에는 백제 군사 박물관이 있는데 백제 시대의 역사와 더불어 군사에 관계된 자료를 전시하고 있다. 백제 군사들의 무장한 모습과 무기류 그리고 성곽 축성방법과 황산벌 전투에 관한 정보들이 유익하게 전시되고 있어 많은 학생들이 찾아와 교육적 효과도 거두고 있다.

패망의 역사는 사라지기 마련인데 황산벌 전투는 계백장군과 화랑 관창 등의 역사적 인물을 통하여 지금까지 우리 마음속에 남아 있다. 황산벌이 내려다 보이는 황령고개 정상에 서니 맑은 바람이 얼굴을 스쳐 지나간다. 이 때 분명치 않은 소리들이 귓가에 들리는 듯했다. 마치 슬픈 역사를 기억해 주어서 고맙다는 백제 군사들의 혼령이 속삭이는 것처럼 들렸다.

황산벌 전투 재현 행사

운주산성 표지판과 성문

슬픈 전설이 담긴 백제부흥운동 근거지

연기 운주산성

충청남도 연기군 전동면 청송리에 있는 운주산성은 해발 460m 운주산 정상을 기점으로 3개의 봉우리를 감싸고 있는 포곡식 산성이다. 외성의 둘레는 3,098m이며 내성은 543m이다. 성내에서 백제, 고려, 조선의 기와 조각이 출토되었다. 충청남도 기념물 제 79호이다.

출처 운주산성 안내판

백제 멸망과 부흥 운동

660년 신라와 당나라의 연합군은 두 개의 길로 나누어 사비성을 공격하였다. 백제의 충신 성충이 예상한 대로 당나라는 기벌포를 통해 뱃길을 공격하였고, 신라는 탄현을 넘어 사비성으로 진격하였다.

나당연합군이 사비성을 포위하자 의자왕은 태자를 데리고 웅진성으로 피난을 갔으나 전력 차이를 느낀 의자왕은 전의를 상실하고 항복함으로써 백제는 멸망하고 말았다. 의자왕과 태자는 승전기념 축하연에서 신라 태종 무열왕과 당나라 장수 소정방에게 술을 따르는 등 참지 못할 수모를 당했다.

나라가 망한 후 백제의 백성들은 왕과 태자가 당한 수모보다 더 심한 고통을 맛보았다. 당나라 군사들의 횡포와 약탈은 끝이 없었고 그로 말미암아 백제 유민들은 술렁거리기 시작했다. 그 당시 백제는 의자왕의 항복으로 사비와 웅진 근처만 나당 연합군이 점령하였을 뿐이고 지방의 성들은 점령군의 힘이 미치지 못하고 있었다. 당나라 군사들의 노략질이 더욱 심해지자 이에 반발하여 백제 유민들은 백제 부흥 운동을 일으켰다. 복신, 도침, 흑치상지, 지수신 등의 장군이 앞장서서 부흥군을 조직하였고, 이에 부응하여 200여 개의 성들이 백제 부흥의 깃발을 힘차게 들어올렸다. 백제를 되찾으려는 군사의 수가 불어나자 부흥군은 빼앗긴 사비성을 되찾기 위해 공격하는 등 부흥군의 위세는 높아갔다.

주도세력인 복신과 도침은 왜에 가 있던 부여풍을 모셔와 부흥 백제국 왕으로 옹립하였다. 그러나 복신과 도침의 사이가 벌어져 서로 죽이고 죽는 일이 발생하여 복신이 도침을 살해하자 결국 부여 풍이 복신을 암살하고 말았다.

나당 연합군은 부흥군 지휘부가 혼란한 틈을 노려 공격을 하였다. 부흥군도 고구려와 왜에게 구원군을 요청하여 동아시아 전체에 전화의 불똥이 튀었다. 663년 당나라와 신라 연합군과 백제 부흥군과 왜의 연합군이 싸운 백강구전투에서 백제 부흥군은 참패를 하였다.

지도부의 분열과 대규모 전투에서 패배하여 희망을 잃은 부흥군 지도자 흑치상지 장군은 당나라의 회유에 넘어가 당나라 장수가 되어 지수신 장군이 버티고 있던 부흥군의 마지막 거점인 임존성을 함락시킴으로써 4년간 끌어온 백제 부흥 운동은 막을 내리고 말았다.

운주산성 가는길

대전에서 천안으로 가는 국도변과 인접한 곳에 있는 운주산성 안내 표지판을 따라 오른쪽으로 접어드니 길이 좁아지면서 비포장 길이 나왔다. 이 길 양쪽에 나무들이 불규칙하게 서 있어 입구부터 자연스러운 멋을 느낄 수 있었다.

산성을 찾아가는 답사길은 두 개로 나뉘어져 있었다. 이곳에서 산화한 백제 부흥군의 원혼을 달래기 위해 건립한 고산사로 가는 길과 반대쪽에 차가 다닐만한 넓

무너진 성벽에는 성을 쌓은 조상의 숨결이 남아 있다.

운주산성의 입구가
되는 복원한 성문

은 임도가 있어 올라갈 때는 편한 임도로 가고 내려올 때는 고산사로 내려오는 것이 좋겠다는 생각이 들었다.

임도를 따라 오르니 왼쪽으로 천안 가는 길이 보여 전시에 보급로를 장악할 수 있는 군사적 요충지라는 사실을 금방 알 수 있었다. 그러나 소나무와 잡목이 우거진 운주산은 이곳에 군사 시설이 있는 곳이라는 생각이 들지 않을 정도로 운치가 있었다. 눈이 쌓인 운주산성길을 걷노라니 노래를 부를 때 반 박자 쉼표가 있으면 숨이 차지 않는 것처럼 쉼표와 같은 여유 있는 분위기를 느낄 수 있었다.

운주산성에는 2개의
샘터가 남아 있다.

30여 분 기분 좋게 걸으니 커다란 바위 밑에 운주산성이라는 비석이 보이고

바로 문지가 나타났다. 문지는 문루 없이 복원되어 있었다. 문지를 들어서니 성안에는 공원이 꾸며져 있었다. 연못과 정자 그리고 넓은 풀밭이 눈에 들어왔다. 풀밭에는 흰색, 파랑, 빨강, 노랑의 네 가지 색의 바람개비가 산 정상에서 불어오는 바람에 마음껏 돌고 있었다.

산성 안 양지에는 황금빛 잔디와 억새가 햇빛을 받아 빛나고 있었고, 음지에는 아직도 잔설이 녹지 않고 남아 있었다. 임도를 따라 올라올 때 군사시설이라는 긴장감을 느끼지 못한 것처럼 성안에는 전쟁이 일어났던 곳이라기보다는 건강을 위해 마련된 체련장이라는 느낌이 들었고 또 운동하는 사람들도 많이 보였다.

백제부흥운동의 근거지

운주산성은 늘 구름이 끼어 있다하여 이름 지어진 460여 m의 운주산 정상에서 서쪽과 남쪽 끝의 3개 봉우리를 감싸고 있는 포곡식 산성이며, 옛 기록에 의하면 고산산성이라고 불렀다. 성의 길이는 3,098m의 외성과 543m의 내성으로 이루어져 있었다. 외성과 내성을 모두 돌로 쌓았고 높은 곳은 8m이며 낮은 곳은 2m 정도가 되는데 대부분 성돌이 무너져 내려 바깥쪽은 돌비탈처럼 보였다.

지금은 성벽을 복원하여 옛 모습을 되찾아가고 있었다. 성 안에는 3개의 우물터가 있었다고 하나 두 개만 흔적을 확인할 수 있었고, 농사를 지었던 것으로 보이는 넓은 공터가 있었다. 이곳은 건물지로 추정되었다. 성 안 곳곳에서 백제 토기편과 기와편이 출토되었다고 한다. 고려시대와 조선시대의 자기편과 기와편도 발견되었는데 이는 운주산성이 백제시대를 거쳐 오랜 세월 군사시설로 활용됐다

복원한 성벽이 능선을 타고 산 정상으로 이어져 있다.

삼천굴과 피수골 등 백제 부흥군의 최후에 얽힌 슬픈 전설이 남아있는 운주산성의 성벽

는 사실을 알 수 있었다.

이끼가 낀 성돌이 가지런히 쌓여 있는 성벽을 보았는데 오랜 세월 무너지지 않고 옛 모습을 간직하고 있었다. 자세히 살펴보니 아랫부분에서 위로 올라갈수록 안쪽으로 조금씩 들여쌓았고 아랫돌은 큰 돌이고 윗돌은 크기가 작은 돌로 축성하였다. 백제 시대는 주로 토성을 쌓았다고 하는데 성벽의 모습을 보니 돌로 성을 쌓는 기술도 대단히 발달했음을 짐작할 수 있었다. 동문지 근처는 계곡을 이루고 있었는데, 성벽의 높이는 능선보다 계곡 쪽이 더 높아 보였다. 주변에는 건물지로 추정되는 평지도 눈에 띄었다.

문지 오른쪽의 경사면에 복원한 성벽을 따라 성 한 바퀴를 돌았다. 눈이 녹지 않아 조금은 미끄러웠지만 나무로 계단을 만들어 놓아 답사하는데 어렵지 않았다.

백제 부흥 운동의 최후를 목격하다

운주산성에는 백제 부흥군의 최후에 대한 슬픈 전설 하나가 전해져 내려온다. 나당연합군이 운주산성을 포위하여 공격할 당시 산성을 지키고 있던 백제 부흥군과 백성 삼천 여 명이 공격을 피해 동굴로 숨어들었다. 성을 점령한 나당연합군은 병사들을 찾으러 산성 안팎을 수색하고 있는데 함께 숨어들었던 아기가 울어대자 발각되어 죽음을 당할까 두려운 나머지 아이와 엄마를 동굴 밖으로 쫓아냈다. 이에 앙심을 품은 엄마는 나당연합군을 찾아가 부흥군이 숨은 동굴을 알려 주었다. 정보를 입수한 연합군은 동굴 입구에 불을 피워 굴 밖으로 나온 부흥군을 몰살시키고 말았다. 이때 부흥군의 피가 내를 이뤄 흘렀다 하는데 지금도 고산사 계곡을 '피수골'이라 부른다. 아마도 이 전설은 백제 부흥군의 최후가 그만큼 비참했다는 것을 알려주기 위한 이야기로 추측된다.

이 동굴은 삼천 명이 죽었다 하여 삼천굴이라 하는데 동굴을 찾기 위해 지금도 발굴조사가 계속되고 있고, 매년 고산사에서는 의자왕과 삼천 명의 백제 병사에 대한 위령제가 거행되고 있다. 그리고 백제부흥군의 주류성이 충남 한산과 전북 부안 등으로 추정하고 있는데 운주산성이 주류성이라는 연구도 활발하게 진행되고 있다고 한다.

운주산성은 백제 부흥군의 아픔이 서려있어서 그런지 구름과 안개가 자주 산 정상을 감싼다. 그래서 운주라고 불렀는지 모른다. 산 정상 여기저기에는 아직도 나당 연합군에게 끝까지 저항하며 백제의 얼을 이어가려고 했던 백제인의 슬픔이 묻혀있는 듯했다. 그곳에 세워진 백제의 얼 상징탑에는 구국의 의지와 진취적 기상 그리고 국가 수호를 위한 방위와 자주 통일의 염원을 적어 놓았다. 아마도 옛 백제 부흥 운동의 정신을 본받아 나라 사랑의 정신을 바로 세우고자하는 의지를 나타낸 것 같았다. 산성을 찾아오는 모든 사람들이 상징탑의 의미를 마음속에 담고 영원히 기억했으면 좋겠다.

무너진 성벽과 복원한 성벽

백제 부흥 운동의 마지막 보루

예산 임존성

충청남도 예산군 대흥면 상중리에 있는 임존성은 483m 봉수산 봉우리에 있으며 둘레 2.4km이다. 백제가 고구려의 침입을 대비하여 축조한 이후 백제 부흥군의 중요 거점이었다. 고려시대 몽고의 침입 당시에도 국난극복의 중심지가 되었다. 사적 제 90호이다.

출처 임존성 안내판

임존성 찾아가는 길

정확하게 알지 못하는 목적지를 찾아갈 때는 기대감 보다는 두려움이 앞선다. 직접 운전을 할 때는 더욱 그렇다. 떠나기 전 지도를 보고 도로번호를 외운다. 그리고 중간 경유지에 도착하면 다시 지도를 꺼내 진행 방향이 맞는가 확인한 다음 다시 출발한다. 이것이 처음 가는 길을 찾아가는 나만의 비법이다. 지금처럼 내비게이션이 있다면 이런 수고는 없었으리라.

예산의 임존성을 찾아갈 때 지도를 잘 보고 가다가 길을 잃은 적이 있었다. 부여를 지나 청양을 거쳐 비봉까지는 29번 도로를 타고 잘 왔는데 619번 지방도로를 찾지 못해 그만 홍성까지 가고 말았다. 도로가에 할아버지 한 분이 걸어가고 계셔서

봉수산을 끼고 이어지는 임존성 전경

임존성을 여쭤보니 모른다고 하신다. 난감했다. 임존성 아래에 있는 대련사를 여쭈어 보았다. 대련사는 안다고 하시며 가는 길을 소상히 알려주셨다. 알려준 길을 찾아가 보니 이게 웬일이람. 지도상의 사거리 옆으로 고가차도가 새로 생겼던 것이다. 그러니 사거리를 지나칠 수밖에 없었다. 지역 주민들을 위해 새로 만든 도로의 편리함이 바뀌지 않은 지도를 보고 외지에서 찾아오는 사람에게는 낭패가 될 수도 있었다. 하여튼 임존성을 찾았으니 다행이었다.

산길을 오르다 보면 맨 처음 만나게 되는 남문지

산길을 올랐다. 모든 생물들이 고요히 잠들어 있는 듯 조용했다. 겨울이라 그런지 산도 나무도 움직임이 없었다. 자연은 한껏 게으름을 피우고 있었다. 간간이 불어오는 바람만이 산길 옆에 말라 비틀어진 들풀에게 장난을 걸어보지만 별 움직임이 없었다. 진공으로 빠져드는 느낌이었다. 자연 대신 내가 기지개를 펴며 "깨어라!" 소리 질러 보지만 신통치 않다. 그냥 그 분위기에 적응하며 산길을 올랐다.

십 여분 오르니 남문지가 나타났다. 안내 팻말도 세월에 지쳐 온전히 서 있지 못했다. 왼쪽 길과 오른쪽 길이 있는데 왼쪽 길을 택했다. 산길을 끼고 돌자 눈앞에 임존성이 나타났다. 높이 483m의 봉수산 중턱에 하얀 줄을 쳐 놓은 것처럼 보였다.

자연 지형을 이용한 석축산성

임존성은 둘레가 약 2.4km로 자연 지형을 이용하여 쌓은 테뫼식 석축산성이다. 성벽은 새로 복원한 부분과 허물어진 옛 모습이 어우러져 있었다. 성벽의 높이는 대부분 2~3m 정도였다. 성벽 바깥 쪽은 돌로 쌓았고 안쪽은 돌과 흙을 혼합하여 쌓았다. 조그마한 우물이 보였다. 그 옆에 안내판을 읽었다. 임존성 안에는 3개

확실히 새것처럼 보이는
복원한 남쪽 성벽

소의 우물이 있으며, 남쪽 성벽에 깊이 30cm, 폭 70cm의 수구를 설치하였고, 성 내에는 백제시대 토기와 기와 조각이 발견되었다고 씌어 있었다.

새로 복원한 성벽을 따라 올랐다. 오른쪽으로 돌아가니 제법 경사가 급한 길이 나타났다. 자세히 보니 그 길은 모두 성이 무너진 성벽이었다. 성벽 위를 걸을 때도 있고 성벽 바로 옆을 걸을 때도 있었다. 헬리콥터장이 나타났다. 눈앞에 펼쳐진 광경은 이곳에 성을 쌓은 이유를 알 수 있었다. 주변 평야를 모두 한 눈에 볼 수 있었고, 멀리 보령과 홍성에 걸쳐 있는 오서산도 보였다.

물을 밖으로 내 보내는
수구

성벽을 따라 다른 곳보다 조금 높게 솟아 있는 몇 개의 망루를 지나 북문쪽으로

임존성에서 바라본 예당 저수지

향했다. 마치 오솔길처럼 산책하기 좋은 길이었다. 오른쪽에는 내성인 듯 흙으로 쌓은 낮은 언덕들이 이어져 있었다. 얼마를 걸었을까 눈앞에 가슴을 확 트이게 만드는 풍경이 나타났다. 예당 저수지였다. 산 위에서 넓은 저수지를 보니 좁은 산길에서 산적들이 숨기고 간 보물을 발견한 기분이었다. 눈이 부셨다. 수면이 얼어서 밝은 태양 빛을 반사하고 있었다. 하늘의 구름과 어우러져 정말 멋있는 풍경이었다. 순간 그 옛날 성을 지키던 병사가 호수의 모습을 보면서 고향과 부모님들을 그리워했으리라는 생각이 들었다. 그러나 예당저수지는 백제시대에는 없었으니 성을 지키던 병사들은 저수지를 보지 못하고 실개천만 보았을 것이다.

무너져 버린 망루 위로 이정표가 보인다.

무너져 버린 서쪽 성벽 길을 아쉬운 마음으로 올랐다.

안내도에 나타나 있는 북문의 흔적을 찾으러 지나쳐 온 길을 다시 되짚어 갔다. 오던 길 숲 속으로도 들어가 보고 성벽 아래도 내려가 보았는데 결국 북문의 흔적은 찾지 못했다. 다시 저수지가 보이는 망루로 갔다. 그 곳에서 배낭을 풀어놓고 한숨을 돌렸다. 겨울 날씨는 포근했다. 동행은 아니지만 성곽을 같이 걸었던 분이 사과를 주셨다. 마음이 날씨만큼 푸근해졌다. 이래서 산을 찾는가 보다.

묘순이 전설이 서려있는 백제부흥군의 거점

임존성에는 성에 대한 전설이 전해져 내려온다. 백제 시대 때의 이야기이다. 이 마을에 묘덕이와 묘순이가 살았는데 둘 다 천하장사였다. 남매는 홀어머니를 모시고 살았다. 무거운 바윗돌로 공기놀이할 정도로 장사인데 한 집에 장사가 둘이면 나라가 망한다고 해서 어머니는 할 수 없이 두 남매에게 내기를 시켰다. 딸인 묘순이에게는 성을 쌓으라고 했고, 아들인 묘덕이에게는 천근이나 되는 나막신을 신고 왕을 찾아가 성을 쌓았다고 전하고 다시 돌아오는 내기였다. 두 가지 일 중에 늦은 사람이 자결하기로 했다.

드디어 시합이 시작되었다. 남자인 묘덕이보다 여자인 묘순이의 일이 더 빨리 진행되고 있었다. 보다 못한 어머니는 아들을 살리기 위해 묘순이에게 설익은 콩밥을 주어 설사가 나게 만들었다. 결국 뒷간을 왔다 갔다 하면서 시간을 낭비한 묘순이는 내기에서 지고 자신이 깎아놓은 바위에 짓눌려 죽음을 당하고 말았다. 지금도 임존성 한가운데 묘순이 바위가 있는데 그 바위를 두드리면서 "묘순아 뭐가 원수냐?"라고 물으면 "콩밥이 원수지!"하며 흐느끼는 소리가 들린다고 한다. 전설은 전설일 뿐이다.

임존성은 난공불락의 요새로 백제 부흥군의 주요 거점이 되었던 성이다. 660년 8월 흑치상지 장군은 3만 명의 병사를 모아 백제 부흥을 위해 나당 연합군과 싸웠다. 그 후 복신과 도침이 지휘하는 부흥군과도 연합하여 세력을 불려나갔다.

부흥군의 분열과 백강구 전투에서 패전한 뒤 임존성에서 지휘부가 옮겨간 주류성이 함락되자 대다수 백제 부흥군 성들은 하나 둘씩 항복하고 말았다. 그러나 지수신 장군이 버틴 임존성만은 항복을 거부한 채 나당연합군과 계속 대치하고 있었다.

당나라는 항복한 흑지상지를 이용하여 임존성을 공격하였다. 일찍이 임존성을 근거로 부흥 운동을 지휘하였던 흑치상지는 임존성의 약점을 누구보다도 잘 알고 있었다. 그리고 지칠대로 지친 병사들은 자신을 이끌던 장군이 적군이 되어 나타나자 사기가 떨어져 제대로 싸워보지도 못한 채 명장인 지수신 장군은 고구려로 도

묘덕이, 묘순이 전설이 서린 묘순이 바위

옛 원형이 남아 있는
이끼낀 성벽

망가고 난공불락의 요새 임존성은 함락되고 말았다.

임존성의 부흥군들이 장렬하게 싸우다가 중과부적으로 어쩔 수 없이 패했다면 그 슬픔이 컸을 텐데 내분으로 인해 항복으로 이어진 멸망은 입맛을 쓰게 했다. 흑치상지는 당나라에서 장군 직위를 받아 당나라를 위해 목숨 걸고 싸웠으나 결국 모함으로 생을 비참하게 마감했다.

'형님 먼저, 아우 먼저'가 준 교훈

산 아래 대흥면 사무소로 내려갔다. 그 곳에는 자그마한 비가 하나 서 있다. 초등학교 교과서에 나오는 의형제의 공덕을 기린 비이다. 그 유명한 '형님 먼저, 아우 먼저' 라는 유행어를 만든 형제이다.

부모가 돌아가신 후 형제는 우애 있게 지냈다. 추수가 끝난 후 한 밤중에 형은

성 안에는 아직
우물터가 남아 있다.

동생을 위해 자신의 볏단을 아우에게 더 주려고 했고, 아우는 형의 살림살이를 걱정해 볏단을 형의 집으로 나르다 중간 지점에서 만났다는 아름다운 이야기이다.

산 위는 서로를 믿지 못해 백제 부흥군을 멸망에 이르게 한 곳이고, 산 아래는 서로 믿고 의지하는 형제의 공덕을 기리는 비가 있으니 아이러니가 아닐 수 없다.

서로 불신 때문에 백제를 부흥시키지 못하고 망하게 만든 복신과 도침이 지옥에 가 염라대왕에게 벌을 받고, 조선시대에 우애 있는 형제로 환생하여 남의 귀감이 되도록 잘 살았다는 허구적 이야기를 상상해 본다. 이 해피엔딩 스토리는 나의 입가에 가벼운 미소를 짓게 만들었다.

반월산성 남문지

주인이 여러 번 바뀐 반달 모양의 산성

포천 반월산성

경기도 포천군 군내면 구읍리에 있는 반월산성은 해발 283.5m인 청성산 정상을 중심으로 능선을 따라 축조된 테뫼식 석축산성이다. 성의 둘레는 1,080m이며 반달 모양이다. 고대부터 조선시대까지 포천지역의 중요한 성이었다. 사적 제 403호이다.

출처 반월산성 안내판

한반도를 차지하기 위한 삼국의 각축장

포천은 고구려 시대 때 마홀이라 불렀다. 마홀은 '물이 많은 골'이라는 뜻이다. 지금의 지명인 포천도 조선 태종 때 생겼는데 그 의미 역시 '내(川)를 안다(抱).' 로 물과 관계가 있다. 그래서 포천천은 예부터 물이 풍부하여 이 지역의 땅을 촉촉이 적셔주며 많은 곡식이 쑥쑥 자라도록 만들어 주었다.

먹을 것이 풍부하여 살기 좋은 포천지역은 삼국시대 때 어느 한 나라가 오래도록 차지하지 못한 서로 뺏고 빼앗기는 각축장이었다. 반월산성 역시 발굴조사 결과 출토된 유물을 보면 이 산성의 주인이 여러 번 바뀌었다는 것을 증명하고 있다.

반월산성은 포천 시내에서 10분 정도 거리에 있는 군내면사무소 뒷산인 청성산에 위치하고 있다. 이곳은 구읍리라는 지명에서 알 수 있듯이 조선시대 포천 관아

장대지는 흔적만 남아 잡초에 덮이고 말았다.

가 있던 곳이다. 관아는 행정의 중심 지역이므로 반월산성은 포천을 지키는 가장 중요한 성이었으리라는 추측이 가능해진다.

성 내에서는 꽤 많은 건물터가 발견되었다.

반월산성은 성의 둘레가 마치 반달과 같다고 하여 지어진 이름으로 해발 283m의 그리 높지 않은 산의 8부 능선 둘레를 마치 머리띠 모양으로 축성한 테뫼식 석축산성이다. 성벽의 둘레는 1,080m인데 동서가 길쭉하게 축성되어 있다. 6차례의 발굴 조사 결과 장대지 1개소, 치성 5개소, 문지 3개소 그리고 제사 유적을 비롯한 많은 건물지가 발굴되었다. 성벽은 산의 경사면을 깎아내어 한쪽 면만 돌로 쌓아 올린 편축식 산성이며, 성벽의 상부에는 병력의 이동과 배치에 유리하도록 회곽로를 조성하였다.

반월산성은 누가 쌓았을까? 발굴조사 결과 백제의 토기가 발견된 것으로 볼 때 4세기 무렵 백제가 이 지역을 점령하였고, 5세기 고구려는 남진 정책으로 정복의 창끝을 만주에서 한반도 남쪽으로 돌린 후 이 성의 주인이 되었다. 그 증거는 발굴 조사 때 마홀수해공구단(馬忽受解空口單)이란 글씨가 새겨진 기와조각이 출토되었는데 '마홀'은 고구려 때 포천의 지명이었기 때문이다. 6세기는 신라 진흥왕이 왕성하게 영토를 넓혀 나가던 시기인데 한강 유역을 차지하면서 포천은 신라 북방 진출의 전초기지로 사용되었다.

회곽로를 따라 성을 지키던 병사들이 이동하였다.

그 후 통일신라시대 말기 이 지역에 세력을 펼치던 궁예가 철원에 있는 도

성을 방어할 목적으로 반월산성을 고쳐 쌓았다고 전해진다. 고려시대에는 수도가 개성이었기 때문에 한 때 산성의 가치가 상실되었다가 조선시대 광해군 때에 청나라의 침략을 대비하여 산성을 고쳐쌓고 절도사의 직할군을 주둔시켰다고 한다.

산성 초입에 자리한 우물

기단석을 쌓아 성벽을 견고하게 축성

반월산성 답사는 군내면사무소에서 시작하였다. 임도를 따라 올라가니 발굴 당시 사무실로 사용했던 것 같은 간이 건물이 보이고 그 옆에 작은 우물이 있었다. 오

이중 성벽으로 무너지는 것을 예방하였다.

른쪽으로 올라가니 안내판이 있고 그 뒤로 성벽이 눈에 들어왔다.

성벽은 하단부에 기단석을 쌓아 견고하게 보였다. 가파른 산의 경사면에 성벽이 허물어지는 것을 방지하기 위해서 이중으로 성벽을 쌓은 것 같았다. 높이는 대략 3~4m 정도로 높아 보이지는 않았다.

사다리를 타고 드나들 수 있는 현문식 성문인 동문지

정상 부근 넓은 공터에 울타리를 쳐서 출입 금지 시킨 것을 보니 이곳이 바로 건물지인 것 같았다. 바로 아래쪽으로 동문지가 있었다. 동문은 그리 크지 않았으나 가파른 계단 모양으로 축성되었으며 사다리가 있어야 성안으로 들어 올 수 있는 현문식 성문이었다.

동쪽 성벽은 복원을 한 구간으로 성돌이 하얀색으로 마치 축대같이 보이고 북쪽 성벽은 예전에 쌓은 것으로 이끼가 잔뜩 끼여 있어 옛날 성을 쌓은 조상들의 입김이 서려 있음을 느꼈다.

북문지 근처에 넓은 병시도 건물지처럼 보였다. 넓이로 보아 많은 건물이 있었던 것으로 추측되었다. 북문은 동문보다 더 작았다. 어깨를 마주한 두 명의 병사가 지나갈 정도의 크기였다. 문 주위는 복원한 듯 성돌의 색과 모양이 아랫부분과 윗부분이 서로 차이를 보이고 있었다.

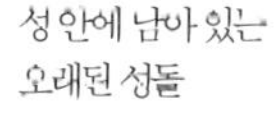

성 안에 남아 있는 오래된 성돌

북문 밖으로 세워놓은 사다리를 타고 성 밖으로 나가 서벽 쪽으로 돌아가니 치성이 눈에 들어왔다. 반월산성에는 치성이 다섯 개가 있었다고 전해지는데 서쪽 치성은 그 모양이 완벽하게 남아 있었다.

다른 성문에 비해 규모가 작은 북문

아랫부분은 규모가 큰 돌로 쌓았고 위로 올라갈수록 그 크기가 작은 돌로 축성하였다. 이 치성은 고구려식 축성법으로 쌓은 것이라고 한다.

서쪽 치성에서 조금 가니 남문이 있었다. 폭이 2m 남짓 그리 크지 않은 성문이었다. 남쪽 벽은 비탈진 경사면에 성돌이 무너진 채로 쌓여 있었다. 세월을 견디지 못해 무너진 성돌 사이로 애기똥풀이 노란색 물감을 흩쳐 뿌려 놓은 듯 바람에 몸을 흔들고 있었고, 붉은색 엉컹퀴는 수줍은 듯 얼굴을 가리고 있었다.

포천에 남아 있는 궁예의 흔적들

기록에 의해 전해지는 사건들은 확실한 역사로 인식되지만 지역 주민들의 입에서 입으로 구전되어 오는 사건들은 그저 전설로만 여겨진다. 그러나 그 지역의 지명과 연관된 일들은 전설이라기보다는 역사에 가깝다고 생각하는 것은 비약적 사고일까? 왜냐하면 궁예가 철원에 궁예도성을 쌓으면서 인근지역에 있는 방어 시설을 점검했을 가능성은 매우 높다. 그렇다면 포천은 철원과 인접해있으니 궁예가 반월산성을 고쳐 쌓고 군사를 주둔시켰을 것이라는 추측도 어느 정도의 신빙성이 있다고 본다. 또 포천에는 강사골, 설움골, 피나무골 같이 궁예 관련 지명이 있는 것을 보면 증명할 역사적 물증은 없지만 반월산성에도 궁예의 족적이 남아

고구려식 축성법으로 쌓았다는 치성

있으리라는 생각도 해 보았다.

궁예는 신라의 헌안왕 또는 경문왕의 아들이라고도 한다. 태어났을 때 좋지 않은 기운을 받고 태어나 부모에게 버림받고 유모의 실수로 애꾸눈이 되어 자신이 누군지도 모른 채 절에서 승려로 살았다. 891년에 지금의 안성 지방 산적 기훤의 부하가 되었다가 다시 원주 지방의 양길의 수하에 들어갔다. 그리고는 901년에 지금의 개성에서 후고구려를 건국하여 스스로 왕이 되었다. 904년 국호를 마진으로 개칭하고, 도읍을 철원으로 옮겼다. 911년에 국호를 다시 태봉(泰封)으로, 연호도 수덕만세로 고쳤으며, 914년에 다시 연호를 정개(政開)라 개칭하였다.

무너진 성벽처럼 역사는 흔적만 남긴 채 사라져 간다.

그러나 궁예는 자신을 버린 신라를 미워하여 투항한 신라인을 모조리 죽이는 등 전제군주로서 횡포가 심하였다. 그리고 자신의 지위를 합리화하기 위하여 미륵신앙을 이용하여 스스로를 미륵불이라 부르게 하였다. 915년에는 부인 강씨와 두 아들을 참혹하게 살해하고, 백성을 괴롭히는 등 정치적으로 폐륜 행동을 서슴지 않았다. 폭군으로 전락한 궁예는 결국 그의 부하인 왕건에게 쫓기다가 최후를 맞이한 비운의 왕이 되고 말았다.

답사를 마치고 내려오면서 궁예의 일생을 생각해 보았다. 한 인간이 힘들게 정상에 올랐을 때 더욱 몸을 낮추고 겸손하게 행동해야만이 백성들로부터 존경받는 지도자가 될 수 있다. 자신감은 꼭 필요하지만 자만심은 버려야 할 것이다. 겸손의 미덕은 지도자가 아니더라도 인간의 갖추어야 할 가장 근본이 되는 도리라는 교훈을 다시 한 번 머릿속에 각인시켰다.

제 2 부

[우리 삶을 지켜온 생존의 울타리]

성곽은 생존의 역사다
그곳에는 패배의 쓰라림이 있었고
그곳에는 승리의 격한 눈물이 있었고
자신보다 나라를 사랑하는 정신이 있었다.
삶의 논리가 서서히 바뀌어 가는 지금
성곽은 허물어진 모습으로 우리에게 잊혀져 가고 있다.
그러나 아직도 굽히기를 거부했던 자존심이
이곳에 남아 영원히 우리 곁에 존재할 것이다.

충주산성 성벽

대몽항쟁때 중원경을 지키다

충주 충주산성

충청북도 충주시 직동에 있는 충주산성은 금봉산 정상을 둘러싼 석축산성으로 전설에 의하면 마고선녀가 7일 동안 쌓았다고 하여 마고성이라고도 한다. 6세기 중엽 이후에 축성된 것으로 추정되며 둘레는 1,120m이다. 충청북도 기념물 제 31호이다.

출처 충주산성 안내판

주인이 자주 바뀐 중원경

충주는 남산과 계명산이 병풍처럼 둘러싸고 남한강과 달천강이 흘러 배산임수의 자연 환경으로 인간이 살아가기에 가장 좋은 땅이다.

정의는 강자의 이익이라는 약육강식이 일반화되었던 고대사회에서 살기 좋은 땅은 한 나라가 오랫동안 소유하지 못했다. 그래서 충주도 삼국시대부터 그 주인이 여러 번 바뀌었다.

삼국 이전에 마한 땅이었으나 4세기 백제의 근초고왕이 영토 확장에 국운을 걸고 있을 때 충주는 백제의 땅이 되었다. 100여 년 후 고구려 장수왕은 쇠약해진 백제에게 충주를 빼앗았다. 그리고 국원성이라고 이름을 고친 다음 중원 고구려비를

안갯속에서 동쪽 성문을 찾았다.

세웠다. 충주는 고구려 땅이라고 만방에 알린 것이다.

다시 100여 년 후 신라 진흥왕이 강력해진 국력을 바탕으로 좁은 영토에 불만을 품으며 북으로 영토를 넓혀 나갔다. 이 때 충주는 다시 신라라는 새 주인을 맞이했다.

충주는 신라가 삼국을 통일한 후 왕권을 강화시키던 신문왕이 행정조직을 9주 5소경으로 재편성할 때 다시 중원소경으로 이름을 바꾸었다. 그리고 8세기 경덕왕이 군현의 명칭을 개정할 때는 남한강을 이용한 물자 수송이 편리한 충주의 중요성을 재인식하여 중원경으로 이름을 바꾸었다. 중원경은 나라 중심의 서울이라는 의미로 충주를 지방 행정의 중심 도시로서 신라의 중앙임을 알렸다.

국보 제 6호로 지정된 충주의 중앙탑은 통일신라시대 석탑 중에서 규모가 가장 크고 높다. 이 탑의 이름은 지리적으로 우리나라 중앙에 위치한다고 해서 중앙탑으로 이름을 지었는데 충주가 교통의 요충지였다는 사실을 증명하고 있다.

지금 행정구역 명칭인 충주는 한반도를 두 번째 통일한 고려 왕건에 의해서 고쳐 부르게 되었다. 이로써 한강 이남인 충청도에서 청주와 더불어 중요한 도시로 발전하였다.

삼국시대 축성된 테뫼식 산성

충주산성은 해발 636m 남산 정상부에 띠를 두른 듯 돌로 축성된 테뫼식 산성이다. 성의 둘레는 1,145m이며 현재는 성벽이 많이 무너져 훼손되었고 775m 정도의 성벽만이 남아 있다. 주로 동쪽과 북쪽 성곽이 잘 남아 있는데 이끼가 낀 옛 모습의 성벽과 복원하여 깨끗한 모습의 성벽이 조화를 이루고 있다. 성의 높이는 7~8m로 다른 석축산성에 비해 다소 높고 성 안에는 2개소의 우물자리가 남아 있으나 물은 끊긴 상태이다. 동쪽 성벽에 성문이 있고 물을 밖으로 내보내는 수구도 있다. 문터 근처에는 연못 모양의 직사각형 수원지가 복원되어 있다. 또 성안에서는 삼국시대의 것으로 추정되는 토기조각 및 기와조각이 발견되고 있다고 한다.

언제 축성했는지 정확히는 알 수 없으나 삼한시대 때에 마고선녀가 7일 만에 축성하였다 하여 마고성이라고 불렀다는 전설이 전해져 내려오고 있으며, 또 백제 개로왕 21년(475) 성 아래 안림동에 이궁을 짓고 남산에 성을 쌓았다고 전해온다.

충주산성이 역사적으로 주목 받던 때는 13세기 몽고의 4차 침입 때이다. 몽고군은 대동강을 건너 강원도와 경기도를 짓밟은 후 충주산성을 포위하였다. 이 때 충주산성을 방어하던 지휘관은 용인 처인성에서 몽고 장수 살리타를 사살하여 큰 공을 세운 김윤후 장군이었다. 몽고군은 70일 간이나 끊임없이 공격했으나 백성과 병사들이 합심하여 성을 굳건히 지켜 오히려 적을 혼란 속으로 빠뜨렸다. 고려는 충주산성 전투에서 승전함으로써 더 이상 몽고군의 남진을 허락하지 않았다. 이 전쟁의 승리는 경상도 지역을 전화의 소용돌이 속에서 구하였고, 몽고로 하여금 화의를 명분삼아 서둘러 철군하게 하는 계기를 만들었다.

견고하게 쌓아올린 성벽이 산허리를 따라 이어진다.

'마즈막재'에서 답사를 시작하다

충주산성 답사길은 여러 곳이 있지만 충주 호반이 바라보이는 '마즈막재'에서 오르는 길을 선택했다. 그 이유는 충주역에서 택시를 타고 충주산성으로 가자고 하니까 운전기사가 마즈막재로 오르는 길이 가장 좋다고 하여 선택하게 된 것이다.

마즈막재는 눈물이 담긴 고개이다. 마즈막이란 맨 끝을 의미하는 지금의 마지막이란 말로 죄인들이 이 고개를 넘으면 다시는 돌아올 수 없다고 해서 마즈막재라고 이름을 붙였다고 한다.

마즈막재에 도착하자 오른쪽으로 탑이 보였다. 탑 꼭대기에 1253이란 숫자를 달아 놓았는데 이는 몽고와의 싸움에서 이긴 1253년을 의미하는 것이다. 탑 앞에 서니 그 규모가 매우 컸다. 가장 눈에 띄는 것은 활을 들고 있는 승병과 농기구를 들고 있는 농민 그리고 넋을 잃은 듯한 표정을 짓고 있는 여인의 모습이 눈에 들어왔다. 김윤후 장군의 칼끝에는 백성들과 생사를 같이하며 끝까지 항쟁하겠다는 의지가 담겨 있었다. 검은색 오석에 대몽 항쟁 이야기와 충주 시민의 자존감을 드러내는 글이 담겨져 있었다. 탑 앞에서 어떤 역경에도 굴하지 않고 나라를 지킨 조상들의 애국심에 고개 숙여 묵념을 함으로써 감사함을 표시하였다.

마즈막재에서 임도를 따라 오르는 1.5km 길은 대단한 힐링 코스였다. 30분 정도 오르는 길은 알맞은 경사도에 충주호에서 불어오는 물기 어린 바람과 남산 계곡 사이사이를 지나온 나무향이 짙게 배인 바람이 몸과 마음을 시원하게 해 주었다. 이 길은 충주시청에서 역사 테마 산길로 꾸며 놓았다. 특히 충주가 자랑하는 역사의 명장면들을 기록화와 더불어 자세한 설명을 곁들여 놓아 산길을 오르는데 심심하지 않았다. 좌우의 가로수는 산수유나무를 심어 나무가 크면 봄에는 노란색의 꽃으로 가을에는 빨간색의 열매로 산길이 더욱 아름답게 되리라 기대해 보면서 걸었다.

산성이 보이기 시작했다. 임도에서 무너진 성벽을 바라보면서 동문으로 향했

산성이니만큼 물이 중요하다. 물을 비축하는 집수지

다. 동문은 현문식 구조로 되어 있었다. 현문식이란 성벽 중간에 문을 달아 다락문처럼 만들어 안에서 줄이나 사다리를 내려 주어야 들어갈 수 있는 방식이다. 지금은 나무로 계단을 만들어 넘나들기 편했다. 동문은 충주산성 복원 때 새로 쌓은 듯 옛 모습은 사라지고 매우 깨끗한 느낌이었다.

나무 계단은 기역자 모양으로 꺾여 있었다. 계단을 통해 동문으로 오를 때 현문식 성문이 어떤 것인지 확실히 알 수 있었다.

동문으로 들어가자 거대한 석축 저수지가 있었다. 사각형에 가까운 원형이며 3단의 계단식 구조였다. 얼핏 보기에는 연못처럼 보였다. 깊이는 가늠할 수 없었지만 물빛이 푸른색을 띠고 있었다. 산성에서는 가장 중요한 것이 물이니 충주산성에서는 물이 풍부했던 것으로 추정되었다. 동문 성벽에는 물을 밖으로 내보내기 위한 사다리꼴 형태의 수구도 보였다.

성벽을 따라 산책로가 나 있었다. 성벽은 구불구불 축성되어 있었고, 오르막 내리막이 있는 것을 보면 지형을 이용하여 축성하였다는 것을 알 수 있었다. 성벽의 겉은 돌로 쌓았고 안쪽은 흙으로 채워 넣었다. 잘 다듬은 메주 모양의 성돌로 쌓은 부분이 있는가 하면 납작한 돌을 촘촘히 쌓아 올린 부분도 있었다. 산성의 오르막 부분은 나무 계단을 만들어 놓아 답사하는 데는 그리 어렵지 않았지만 아직 복원 중이라 출입을 금지하고 있어 성을 다 돌아보지는 못해 아쉬웠다.

성 내의 하수가 빠져나오는 수구

동문에서 북문으로 오른 길은 경사가 져 있었다. 성벽은 원형대로 잘 보존되어 있었고, 북문지에서 서문지까지는 평탄한 길로 역시 성벽이 잘 보존되어 있었다. 성벽 높은 곳에서 아래를 보면 아찔한 느낌이 들었다. 북문지에 도착하자 잘 생긴 나무 하나가 눈에 띄었다. 소나무가 바람에 나뭇가지를 흔들며 자신의 모습을 자랑하듯 서 있었다. 북쪽으로 복원한 성벽이 보였다. 아쉬운 마음이 들었다. 복원은 복원일 뿐 완벽하게 복원한다는 것은 어렵다. 원래의 모습을 기록해 두지 않았으니 무너진 성벽을 보고 복원하거나 근처의 산성의 모습을 본뜰 때도 있다. 어쨌든 세월이 지나면 이끼가 끼고 돌도 변색하고 고풍이 생길 것이다. 삼국시대 성벽을 몇 백 년 지나 조선시대에 복원한 것과 같은 이치다.

산을 내려가다 보니 충주 시내가 보였다. 무척 발전된 모습이다. 조상들의 피땀 어린 생존 의욕이 후손들에게 행복한 삶의 터전을 마련해 준 것이다. 이름도 남기지 않은 민초들의 영혼은 아직도 이 산중 어디엔가 떠돌고 있을지 모른다. 산 위에서 내려다보이는 충주가 더욱 발전한다면 자신의 삶이 헛되지 않았다고 오히려 후손에게 감사한 마음을 가질지도 모른다고 생각하면서 하산하였다.

교통산성 성벽

아쉬움 속에 충절을 꽃 피우다

남원 교룡산성

전라북도 남원시 산곡동에 있는 교룡산성은 해발 518m 교룡산을 에워싼 둘레 3.1km의 석성으로 성을 처음 쌓은 내력은 분명치 않으나 백제시대 때 쌓은 것으로 보인다. 임진왜란 때 승병대장 처영이 고쳐 쌓았다. 전라북도 기념물 제9호이다.

출처 교룡산성 안내판

남원은 사통팔달 군사적 요충지

전주를 거쳐 남원으로 가는 17번 국도는 여유가 있다. 차량도 많지 않고 길도 잘 닦여져 있어서 평소에 좋아하는 음악을 들으며 운전하기에 좋은 길이다. 자동차를 타고 가다가 아름다운 풍경을 발견하면 차에서 내려 잠시 풍경을 감상하다가 사진 한 장 찍고, 이야기가 담긴 고택이나 정자가 있으면 사연도 알아보면서 가는 길이다. 길 양 옆에 펼쳐지는 전원적인 풍경은 느리게 사는 의미를 생각나게 한다.

느리게 사는 것은 아무 것도 하지 않고 방치하는 게으른 속성이 아니라 삶의 순간순간을 구체적으로 느끼기 위해 속도를 늦추는 적극적인 선택이다. 이는 프랑스의 피에르 쌍소 교수가 주창하는 느림의 미학이다. 그러나 우리나라 사람들은 '빨

복원한 성벽과 기존 성벽이 뒤섞여 있다.

상부가 허물어진
교룡산성 성곽

리 빨리'가 기본이다. 식사 때 시간이 아깝다고 국에 밥을 말아 물을 마시듯 한 그릇 뚝딱 비워버리는 사람을 여럿 보았다. 빠르게 살려는 시간의 묶음들을 날려 보내고 여유를 즐겨 보는 것이 오히려 생산적이지 않을까. 삶을 음미해 가면서….

남원은 경상도와 전라도를 이어주는 교통의 중심지이다. 전라선 철도를 비롯해서 순천 – 완주고속도로와 88올림픽 고속도로가 교차하고 있으며, 전주, 광주, 대구 등을 연결하는 국도가 통과한다. 또한 지리산 국립공원이 있어서 사계절 많은 관광객들이 찾는 관광도시로도 유명하며, 우리나라 고전 소설의 백미인 춘향전의 무대이기도 하다.

남원은 사통팔달 길이 잘 뚫려 있어 군사상으로도 아주 중요한 지역이라 20여 개의 성들이 축조되었다고 한다. 그 중 잘 알려진 성이 남원성과 교룡산성이다. 남원성은 개발 바람에 대부분이 헐려 나가 도심의 끝부분에 일부 성벽만 을씨년스럽게 남아 있고, 교룡산성은 많이 허물어졌지만 그래도 성곽의 형태는 유지하고 있어서 다행스럽다.

정유재란과 남원성 전투

남원은 통일신라시대 때 지방 행정 중심인 5소경 중에 하나인 남원경으로 이곳을 방어하기 위해 울타리를 친 것이 남원성의 모태이다. 조선 초기에 중국식 읍성을 본 따 네모반듯한 모양으로 성을 고쳐 쌓았는데 성의 규모는 둘레 2.5km, 높이 4m로 문루와 옹성, 해자 등이 있었다고 한다. 성벽은 성의 안과 밖을 모두 돌로 쌓고 그 중간을 흙이나 돌로 채워 넣는 협축식 방법으로 지금의 담벼락처럼 축성하였다.

선조 30년(1597년) 남원성은 왜군의 재침을 대비하여 성을 크게 개축을 하였는데 같은 해에 명나라와 왜군과의 강화 교섭이 결렬되자 다시 대규모 공격을 받게 되었다. 이 전쟁이 정유재란이다. 이 때 왜군은 임진왜란 때 돌아가지 않은 잔류 병력 2만을 비롯하여 총 14만 명의 대규모 병력이었다. 조선군은 도원수 권율 장군이 경상도 성주와 김천에서 일본군의 북상에 대비하였고, 경상 우병사 김응서가 이끄는 군대는 일본군 북상의 길목을 막기 위해 의령에 배치하였다. 명나라는 남의 나라 싸움이라 전쟁 초기와는 다르게 병사들의 행동이 소극적이었다.

왜군은 경상도를 지나 전라도로 진입하여 전주로 진격하였다. 전주로 가자면 남원을 거쳐야 하는데 남원성에는 명나라 부총병 양원의 지휘 아래 명나라 군사 약 3천 명과 조선 군사 1천 명의 연합군이 방어하고 있었다. 양원은 남원성 성벽의 높이를 한 길이나 증축하고 성호를 두 길이나 더 파는 등 방어 태세를 갖추고, 성문에는 대포 2, 3문을 설치해 놓았다.

1597년 7월 16일 총 공세가 개시되었다. 왜군은 남원성을 포위하고 큰 나무를 베어다가 성 옆에 구름다리를 만들어 세웠다. 또 돌과 흙을 날라다 성호를 메우고 그 위에 통로를 만들었다. 그러자 명나라 장수 양원은 성문을 열고 나가 싸웠으나 패해 성안으로 되돌아 왔다.

왜군은 한밤중에 공격을 시작하여 높이 쌓은 토석 위에서 성안을 굽어보면서 조총을 쏘아댔다. 마침내 왜군은 명나라 군사가 지키던 남원성 남문과 서문으로 몰려들어 성문을 부수고 성안으로 돌입하였다. 동문과 북문을 방어하던 조선군은 치열한 전투를 벌였으나 결국 남원성은 함락되고 말았다. 이 때 북문을 수비하던 전라병사 이복남, 방어사 오응정, 조방장 김경로, 구례 현감 이원춘은 모두 화약고에 불을 지르고, 그 속으로 뛰어들어 장렬히 순국하고 말았다.

남원성을 지키던 군, 관, 민 그리고 명나라 군사가 전멸당한 것은 명나라 장수 양원의 실책에서 비롯되었다고 한다. 정유재란이 일어나자 남원성의 관군과 백성들은 모두 교룡산성으로 들어가서 수성전을 준비했다. 그러나 구원군으로 와 있던 양원이 평지성인 남원성에서 싸우기를 고집하였다. 조선군은 이쩔 수 없이 천혜의 요새인 교룡산성을 버리고 남원성으로 나왔다가 왜군의 수적 열세를 극복하지 못하고 전멸당하고 말았다고 한다.

천혜의 요새 교룡산성 답사

교룡산은 남원시 북쪽에 높이 솟아 있다. 산 정상에 서면 지리산 노고단에서 천왕봉까지 지리산 주능선이 한 눈에 들어오고, 섬진강과 남원평야를 잘 관측할 수 있다. 교룡산성은 이러한 이점을 이용하여 남원을 방어하기 위해 교룡산의 능선을 잘 이용하여 축성하였다.

둘레가 3,120m이며 포곡식 석축산성으로 현재 동문의 홍예문과 옹성 그리고 산 중턱에 성벽이 군데군데 남아 있다. 성은 언제 쌓았는지 분명하게 모르나 성터

교룡산성을 버리고
내려온 평지의 남원성곽

교룡산성 수구문은
성문보다 크다.

와 축성 기법으로 보아 백제 시대에 쌓은 것으로 전해진다. 1592년 임진왜란 때 승병대장 처영(處英)이 고쳐 쌓았고, 그 후에도 여러 차례 보수를 하였다. 성 안에는 우물이 99개나 있어 물이 풍부하고 산세가 매우 가파르기 때문에 유사시 남원 백성들이 대피하던 천혜의 요새지였다.

교룡산성 입구에서 보면 규모가 큰 수구가 보이고 성벽 앞에는 선국사 안내표지판과 「김개남 동학농민군 주둔지」라는 나무 팻말이 있다. 동학 농민 혁명 때 교룡산성에서 김개남의 농민군이 주둔했었다고 알려주는 표시인데 하얀 페인트를 칠한 각목에 한자로 써 놓은 것이 관군에게 패해 끝내 좋은 세상을 보지 못하고 역사 속으로 사라진 농민혁명군의 종말처럼 초라해 보였다.

산성 입구에서는 동문인 홍예문이 보이지 않고 성벽만 보였다. 오른쪽으로 돌아들어가니 무지개 모양의 홍예문이 나타났다. 앞에서 홍예문이 보이지 않았던 것은 바로 옹성 때문이었다. 옹성은 성문을 보호하기 위해서 성문 밖으로 동그랗게 쌓은 이중 성벽을 말한다. 성내로 진입하기 위해서는 이 옹성을 먼저 통과해야 하고, 적군이 옹성에 도달하면 사방 팔방에서 적을 공격하게 축성되어 적군이 성문을 쉽게 돌파하지 못한다.

교룡산성을 관리한
산성 안에 있는 선국사

홍예문은 교룡산성의 가장 중요한 통로였다. 문루는 있었다고 전해지나 지금은 없다. 홍예문 옆의 수백 년 됨직한 고목만이 쓸쓸하게 서 있었다. 성안으로 들어가니 교룡산성을 지켰던 벼슬아치들의 공덕을 찬양하는 열 개 남짓한 공덕비들이 죽 늘어서 있었다. 옛날에도 지금처럼 권력이 있는 사람들은 자신의 이름을 남기는 것을 좋아했나보다.

시간이 지나면서 글씨도 흐릿해지고, 반듯하던 비석도 기울어져 가고 있었다. 비석과 비석 사이에는 거미들이 먹이를 잡기 위해 여러 모양의 거미줄을 쳐 놓았다. 한 때 교룡산성을 호령했을 권력자의 공덕을 기리기 위한 비석은 퇴락된 모습으로 세월의 무상함을 일깨워 주는 듯 했다.

교룡산성에 세워진 공덕비 비석군

동문을 지나 오른쪽 성벽 쪽으로 방향을 바꾸었다. 멀리 산 능선에 축성되어 있

산성에서 바라본 남원시내

는 성벽이 보이고 남원 시내도 눈에 들어왔다. 간간이 무너진 성벽에는 가을색을 담은 구절초가 쓸쓸한 모습으로 듬성듬성 피어 가을바람에 얼굴을 비비고 있었다. 다소 가파르지만 사진기를 들고 한 발 한 발 성벽을 타고 올라갔다. 앞 쪽은 보수를 하여 성돌이 깨끗해 보였다. 높이 올라갈수록 예전의 모습이 나타났다. 성벽의 아랫 부분은 옛 돌이고 그 위로 무너진 부분을 새로이 보수했다. 성돌은 자연석이 아니라 잘 다듬은 돌로 쌓았다. 군데군데 이어진 성벽이 교룡산 중턱에 흔적을 남기고 있었다.

충절의 상징 만인의총

교룡산성을 내려와 만인의총에 들렀다. 이곳은 정유재란 때 남원성을 지키기

만인의총. 멀리 교룡산성이 보인다.

위해 왜군과 항전하다 전사한 분들을 합장한 묘이다. 시신 1만 여구를 묻었다고 하여 만인의총이라 부르는 데 이곳에는 억울하게 죽은 백성들과 조선 군사 그리고 명나라 병사까지 잠들어 있다고 한다.

만인의총은 커다란 봉분에 석벽을 둘러 잘 만들어져 있었다. 노란 국화가 참배객의 마음을 숙연하게 만들고 있었다. 많지는 않지만 가족 단위의 참배객들이 경건한 마음으로 나라를 지키다 돌아가신 넋을 위로하고 있었다. 그런데 만인의총에서는 교룡산성이 보였다. 만약에 왜군을 맞아 평지성인 남원성이 아닌 천혜의 요새인 교룡산성에서 싸웠다면 어떻게 되었을까, 지금 만인의총에 묻힌 순국 영혼들이 교룡산성을 바라보면서 혹시 명나라 장군 양원을 원망하지는 않을까하는 생각을 해 보았다.

아들과 딸을 데리고 온 예쁜 엄마는 아이들을 무덤 앞에다 묵념을 시키고는 "이 나라는 위대한 사람 혼자서 지킨 나라가 아니란다. 이렇게 많은 사람들이 나라를 위해 자기 목숨을 버렸기 때문에 지금 우리가 있단다."라고 짧고 명확하게 아이들을 가르쳤다. 엄마이면서도 아들 딸들이 어떻게 살아야 하는지를 알려주는 스승의 모습을 보면서 가을바람처럼 소리 나지 않는 미소를 지었다. 놀이 공원이나 이름난 명승지를 찾지 않고 잘 알려지지 않은 만인의총으로 체험학습을 시키기 위해 데려온 예쁜 엄마를 통해 우리 대한민국은 목숨 바쳐 지킬만한 나라라는 생각이 오래도록 지워지지 않았다.

금성산성 서문

능선을 따라 축성한 이중성

담양 금성산성

전라북도 담양군 금성면 금성리와 용면 도림리에 있는 금성산성은 연대봉, 노적봉, 철마봉의 지세를 활용하여 능선을 따라 축조하였다. 성곽 길이는 외성 6,486m이며 내성 859m로 총 7,345m이다. 고려 우왕 6년(1380년) 이전에 축성한 것으로 보인다. 사적 제 353호이다.

출처 금성산성 안내판

성곽은 생명이요, 삶의 흔적이다

산성은 주로 평지를 앞에 둔 산언저리에 쌓은 성곽이다. 우리나라 성곽 대부분이 산성에 속한다. 지금 남한에 남아 있는 산성은 정확히 그 수를 알 수 없을 정도로 많다고 한다. 국토의 70%가 산지인 이 땅에 산성이 많은 것은 당연한 일이다. 왜 우리나라에는 이토록 많은 산성을 쌓은 것일까?

그 옛날엔 나라도 참 많았다. 부여, 고구려, 옥저, 예맥, 삼한 등. 서로 뺏고 뺏기는 와중에 다시 고구려, 백제, 신라 삼국으로 조정되었다. 그리고 고려가 한반도를 통일하여 더 이상 전쟁은 없을 줄 알았는데 외적들의 침략이 끊이질 않았다.

평지에서 농사짓고 살다가 외적의 침입이 있으면 가까운 산위에 쌓은 산성으로

암벽을 이용하여 축성한 성벽

피신하였다가 외적이 물러나면 목숨만이라도 건진 것을 다행으로 알고 내려와 다시 농사를 지으며 살아가는 것이 우리 조상의 삶이었다. 고단한 삶 그 자체였다.

먹고 살기 위해 있어야하는 농기구 보다는 자신을 보호하려는 무기가 더 필요했던 시절, 백성들은 자신의 생명을 보존할 무언가가 있어야 했다. 믿고 의지할 든든한 버팀목이 필요했다. 그것이 산성이 아니었을까.

그래서 산이 많은 작은 나라에 무수히 많은 산성을 쌓고 거친 손, 주름진 얼굴로 안도의 한숨을 쉬었을지도 모른다. 서양의 성곽이 귀족의 가족을 보호하는 거대한 주택이라면 우리나라의 성곽은 민초들의 생명이요, 삶의 흔적이라 볼 수 있다.

호남의 3대 산성

북쪽의 추월산이 추위를 막아주고 남쪽의 평야를 적시는 담양천이 흐르는 담양은 예부터 살기 좋은 고장이었다. 이 살기 좋은 고장 백성들을 보호하기 위해 쌓은 산성이 금성산성이다. 호남 일대에는 많은 산성이 축성되었는데 금성산성은 장성의 입암산성, 무주의 적상산성과 더불어 호남의 3대 산성으로 알려져 있다.

금성산성 입구에 주차장이 잘 만들어져 있었다. 주차장에서 잘 닦아진 임도를 따라 산행이 시작되었다. 아쉽게도 시멘트 포장길이었다. 이마에 땀이 맺힐 쯤 되니 제법 가파른 등산로가 나타났다. 짙은 소나무 향을 맡으며 오르니 금성산성의 남문이 보이기 시작했다. 남문은 이중으로 축성되었는데 마치 홍두깨 방망이처럼 생긴 성벽 입구에 외남문이 있고 그 뒤로 복원된 내남문이 산뜻한 단청빛을 뽐내며 서 있었다. 내남문인 충용문 문루에 올라 바라 본 외남문인 보국문의 모습

성문이 보이지 않게
축성한 성문 입구

금성산성 내성 입구
충용문

은 정말 아름다웠다. 금성산성이 전쟁을 대비해서 만든 군사시설이라기보다는 자연과 어우러진 아름다운 건축물로 보였다. 시청률이 매우 높았던 드라마의 촬영 장소로 사용한 것은 아마도 금성산성의 아름다운 모습을 드라마의 품격과 연결시키기 위한 것이라는 생각이 들었다.

멀리 담양호와 추월산이 보였다. 많은 관광객들이 외남문에서 내남문으로 이어지는 길쭉한 성벽 그리고 문루의 아름다움과 주위 자연환경과 어우러진 배경에서 감탄사를 연발하며 추억을 남기느라 매우 분주한 모습이었다.

발길을 철마봉으로 돌렸다. 바위와 경사진 능선길 그리고 산봉우리에 성벽이 길게 이어져 있었다. 철마봉 능선을 따라

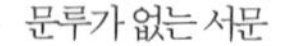

문루가 없는 서문

서 서문으로 향했다. 왼쪽으로 담양호의 짙푸른 물빛이 눈을 자극했다. 정말 아름다웠다. 가을 아침에 호수에서 물안개가 피어오르면 더욱 환상적인 풍경을 만들 것 같다는 생각이 들었다. 급한 경사길을 따라 조심조심 내려가니 서문이 나타났다. 거대한 성곽에 비한다면 서문은 작았다. 서문 양 옆으로 계곡과 능선에 복원해 놓은 성벽이 오히려 성문보다 웅장했다.

서문에서 북문으로 가는 길은 가파른 오르막이었다. 무릎이 가슴 가까이까지 올라올 정도로 급경사였다. 온 몸에 힘이 들어가니 이마에서 나온 땀이 목으로 흘러내렸다. 호흡도 가빠졌다. 산성 답사를 거꾸로 했다면 오르막길이 내리막길이 되어 편하게 내려가고 있을 것이라고 생각하니 사람은 누구나 몸이 힘들 때면 간사한 생각이 드는 것 같아 실웃음이 입가에 번졌다.

오르막과 내리막은 인생길과 같다고 말한 작가들의 표현이 평범하고 진부하다고 생각했는데 산행을 시작하고부터는 가슴을 울리는 가장 진솔한 표현이라는 생각이 들었었다. 이런 저런 생각을 하며 연대봉을 지나 다시 내남문으로 돌아왔다. 잠시 안내판을 읽고 성 안 쪽으로 들어갔다. 오솔길을 따라 가니 넓고 평평한 곳이 나왔다. 관아나 민가들은 다 사라지고 터만 남아 있었다.

금성산성은 담양읍에서 6km 떨어진 넓은 평야를 앞에 두고 해발 605m의 연대봉과 504m 시루봉과 475m의 철마봉으로 이어지는 능선을 따라 외성은 6,486m, 내성은 859m 이중성으로 축성한 거대한 석축산성이다. 또 성 주변에 높은 산이 없어 성안을 들여다볼 수 없다. 성 가운데는 넓은 분지가 있어서 방어성으로는 완벽한 조건을 갖추고 있다. 산 아래에서 보면 산성이 전혀 보이질 않는다. 그러니까 산에 오르지 않고서는 산성이 있는지 모른다. 이같은 지리적인 특

서문과 이어진 특이한 성벽 모습

규모가 작은 북문은 아래에 큰돌을 쌓아 견고해 보인다.

성 때문에 금성산성을 빼앗기 위해 임진왜란 때는 조선 의병과 왜병과의 전투가 있었고, 1894년 동학농민운동 때는 치열한 싸움터가 되어 성내의 건물들이 모두 불타 4개의 문터만 남았고, 한국전쟁 때는 빨치산들이 숨어들어 이를 토벌하기 위한 큰 전투가 벌어져 성안에 있었던 사찰인 금성사가 주춧돌만 남고 다 타버렸다고 한다.

7천여 명이 상주할 만큼 규모가 큰 산성

금성산성의 축조 시기는 삼한시대 또는 삼국시대에 건립되었다고 전해지나 확인할 수가 없고, 고려 우왕 6년(1380년) 왜구의 약탈을 대비해 축조하면서 금성이라는 명칭이 문헌상에 나타난다고 한다. 담양에 사람이 살기 시작한 것과 연관지어 볼 때 삼국시대에 이미 산성의 틀을 갖추었으리라 추측할 수 있겠다.

금성산성에서 전사한 원혼을 달래는 위령탑

조선시대 때는 담양부를 관할하였으며, 상주하는 병사가 600~800명이 있었다고 한다. 전란이 일어나면 일반 산성의 경우 병사들과 일부 백성들만이 난을 피했지만 이 성은 7천여 명이 상주할 만큼 규모가 컸기 때문에 전쟁이 일어나면 담양의 백성 대부분이 금성산성으로 피신하여 난을 피했다고 한다.

내남문 바로 아래 골짜기를 이천골이라 부르는데 정유재란 때 이곳에서 죽은 시체가 이천구나 되어 이 시신을 남문 아래 협곡으로 옮겨 태워서 붙여진 이름이라고 전한다. 이천골의 '골'자가 골짜기를 말하는 것이 아니라 뼈 '골'자라고 한다. 안내판 근처의 돌무더기가 서 있는데 이것은 이천명이나 되는 많은 백성의 죽음을 애도하기 위해 가족과 군민들이 쌓았다고 한다. 그 아래 연동사는 당시 시신의 연고자들이 제를 지낼 때 향 연기가 계곡을 채웠다고 하여 연동사라는 이름을 붙였다고 하니 산성의 아름다움이 오히려 슬픔으로 다가왔다.

산성의 북쪽 성벽. 금성산성의 역사는 한국사의 아픔과 맞닿아 있다.

산성 안에는 곡식 1만 6천 섬이 들어갈 수 있는 군량미 창고가 있었으며 동헌과 객사, 화약고 터가 있었던 것을 보면 금성산성은 전쟁시에만 사용한 것이 아니라 평시에는 백성을 다스리는 목민관이 있었던 읍성과 같은 역할을 하였다는 것을 알 수 있다.

산성 답사는 우뚝 솟은 여러 개의 봉우리로 이어지는 능선을 여유 있게 도는데 4시간 정도 걸렸다. 봉우리마다 다른 풍경이 펼쳐져 있어 산성답사와 더불어 등산의 묘미도 느낄 수 있는 코스라 건강도 챙길 수 있는 좋은 곳이라는 생각이 들었다.

산성 답사를 하면서 흘린 땀을 따뜻한 목욕물로 씻어내고 담양의 죽순회 정식을 먹을 생각을 하니 입에 침이 고였다. 역시 여행에는 눈도 즐거워야하고 몸도 즐거워야 하며 입도 즐거워야 한다. 해는 뉘엿뉘엿 넘어가고 소나무향이 그윽한 오솔길을 걸어 내려오는데 휘파람 소리가 절로 났다.

독산성 성벽

지혜로 왜군의 공격을 막다

오산 독산성

독성산성이라고도 하는 이 산성은 백제가 처음 쌓았고 통일 신라와 고려를 거쳐 임진왜란 때까지 계속 이용되었던 것으로 추정된다. 조선 선조 27년 9월 11일부터 14일까지 불과 4일 만에 백성들이 합심하여 성벽을 새로 쌓았다고 한다. 성의 둘레는 1,095m이고, 사적 제 140호이다.

출처 독산성 안내판

오산시가 한 눈에 들어오는 독산성

보적사 일주문을 지나 독산성을 찾아 올라가는 길에 좌우로 아름드리 나무들이 따뜻한 햇빛을 받으며 건강하게 자라는 모습이 눈에 띄었다. 많은 상춘객들이 원색에 가까운 등산복을 입고 삼림욕을 즐기며 산으로 오르는 모습이 마치 나무처럼 건강해 보였다.

그런데 의아한 생각이 들었다. 이렇게 나무들이 잘 자라고 있는데 왜 대머리 '독(禿)'자를 써서 독산 즉 대머리산이란 이름을 붙였을까? 지금 모습에서 나무가 없는 독산을 상상해보니 사람의 머리와 비교되어 입가에 가벼운 미소가 번졌다.

주차장을 지나니 보적사가 눈에 들어왔다. 해탈의 문 근처에 보적사에서 키우

독산성 서문으로 오르는 계단

는 생김새는 사자 같은데 조금은 미련하게 보이는 개 한 마리가 귀찮다는 듯 지나가는 사람들을 향하여 굵고 짧게 짖어댔다. 힘이 무척 센지 쇠사슬로 목줄을 하고 있어서 빨리 떠나는 것이 좋겠다는 생각에 그 자리를 잰걸음으로 빠져나왔다. 걷다보니 보적사 담이 바로 성벽이었다.

성벽을 따라 조금 걸어가니 시야가 확 넓어졌다. 멀리 오산 시내가 한 눈에 내려다 보였다. 전망이 매우 좋았다. 전망이 좋은 곳은 전쟁 때 멀리 있는 적군의 동태를 파악할 수 있어서 군사적 요충지가 되는 장소다. 오산 지역은 주위에 있는 산들이 해발 100m 정도 밖에 되지 않기 때문에 그리 높지 않은 독산에 산성을 쌓았다는 것을 알 수 있었다.

백제시대부터 조선 후기까지 사용한 성곽

성벽길을 따라 조금 내려가니 북문이 나왔다. 북문은 무척 작았다. 입구 양 옆으로는 대문을 걸기 위해 돌을 오목하게 파낸 흔적이 선명하게 남아 있었다. 북문을 지나 서문 쪽으로 가니 아름드리 나무가 모두 잘려져 있었다. 아마도 독산성을 멀리서 잘 보이게 하기 위해 자른 것 같은데 나이테를 보니 제법 오래된 나무였다. 자르기는 쉽지만 키우기는 어려운 것인데 아쉬운 마음이 들었다.

서문 쪽으로 가니 독산성을 오르는 또 다른 길이 있었다. 서문 아래 돌로 만든 계단이 있고 계단이 끝나는 곳에 고급스러워 보이는 독산성 안내판이 두 개가 서 있었다. 잿빛 철판에 하얀 색으로 글씨를 썼다. 안내판에는 다음과 같이 독산성을 소개하고 있었다.

"독성산성이라고도 하는 이 산성은 평

북문에 남아 있는 돌쩌귀

성문과 성벽이 길게
이어지고 있다.

지에서 돌출하여 사방을 두루 살필 수 있어서 군사적으로 중요한 곳이며, 조선시대에는 광주의 남한산성과 용인의 석성산성 등과 함께 도성방어를 위한 삼각체계를 형성하였다.

기록에 따르면 '이 성은 백제가 처음 쌓았고 통일 신라와 고려를 거쳐 임진왜란 때까지 계속 이용되었던 것으로 추정된다. 조선 선조 27년 9월 11일부터 14일까지 불과 4일 만에 백성들이 합심하여 성벽을 새로 쌓았다고 한다. 그 후 임진왜란이 끝나고 이 성의 중요성이 강조되자 1602년(선조 35년) 수원부사 변응성이 보수하고, 1796년(정조 20년) 수원성의 축조와 함께 개축하여 오늘에 이르고 있으며 성의 둘레는 1,095m이다.'

안내문에 독산성이 백제시대부터 조선 후기까지 오랜 기간 성곽으로서의 기능을 했다고 쓰여 있어 군사적 가치가 높은 산성임을 알 수 있었다.

서문 옆에는 치가 있었다. 성곽이 구부러지는 곳에는 어김없이 치가 있었는데 8군데나 있었다. 치는 성곽을 효율적으로 방어하기 위하여 성벽 군데군데에 쌓은 돌출 성벽을 말하는데 적을 좌우에서도 공격할 수 있도록 만든 구조물이다. 다른 성에 비해 성곽의 길이는 작지만 치는 많았다. 서문 안쪽에 작은 돌탑을 있었다. 정확히 말하자면 돌탑 모양의 돌무더기이다. 아마도 자기 소원을 빌기 위해 누군가가 세워 놓은 듯 보였다.

독산성에는 적극적인 방어시설인 치성이 8개나 된다.

서문에서 남문으로 가는 중간에 수문이 보였다. 수문은 비가 오면 성내의 물을 밖으로 나가게 하는 구멍인데 입구에서 출구까지 수로가 땅 속으로 약 4~5m 정도 되는 듯했다. 수문 앞은 매우 가팔라서 위험했지만 힘들게 아래로 내려가서 수문의 입구가 어떻게 생겼나 확인하였다. 수문은 물이 잘 빠져나가게 하려고 무척 크게 만들어 놓았다.

남문은 비록 복원한 것이지만 출입구를 곡선으로 쌓은 모양이 보기 좋았다. 문루는 없어서 아쉬웠지만 전쟁을 대비해서 만든 성곽을 직선이 아닌 곡선으로 돌을 깎아 문을 만든 것을 보니 조상들의 여유로운 마음을 읽을 수 있었다. 남문 밖에서 서쪽으로 보이는 풍경은 줄맞추어 늘어선 나무들로 인해 독산성에서 가장 아름다운 장소라는 생각이 들었다.

남문에서 보적사 입구인 동문까지는 경사가 심해서 조심조심 올랐다. 거의 다 오르니 오른쪽으로 종각 없는 범종이 있었고 그곳을 지나니 권율장군의 전설이 서린 세마대가 나왔다. 건물의 규모는 그리 크지 않지만 앞뒤로 현판을 달아놓은 것이 이색적이었다.

독산성에 얽힌 옛이야기

임진왜란 때인 선조 25년(1592년) 12월에 전라도 관찰사 겸 순변사였던 권율장군이 근왕병 2만 명을 모집하여 북상하다가 독산성에 진을 치고 있었다. 그 때 왜장인

독산성 북문은 작지만
성문의 흔적인 돌쩌귀가
양쪽에 있다.

가토 기요마사가 이끄는 왜군 수만 명이 이곳을 지나다가 이 벌거숭이산에 물이 없으리라 생각하고 물 한 지게를 산위로 올려 보내 조롱하였다. 그러자 권율은 물이 풍부한 것처럼 보이려고 백마를 산 위로 끌고 가 흰 쌀을 말에 끼얹으며 목욕시키는 시늉을 하였다. 이를 본 왜군은 산성 안에 물이 많다고 생각하고는 퇴각했다. 권율장군은 쌀을 물로 속이는 지혜를 발휘하여 왜군을 싸우지도 않고 물리쳤다고 한다.

권율장군의 지혜가
돋보이는 세마대 정자

그 후 말을 씻었다는 곳에 세마대라는 정자를 세웠다는데 오랜 세월이 지나 허물어져 버렸고 지금 정자는 복원한 것이다. 세마대 중수기를 보면 단기 4290년(1957년)에 무너진 역사를 다시 빛내고 민족정기를 다시 세우기 위해 세마대를 중건했다고 쓰여 있다. 그러나 자금난으로 여러 번 공사가 중단 되었는데 국비와 도비, 중건 위원장의 희사금 그리고 각계 각층의 협조와 지방민의 노력으로 준공의 영광을 보게 된 것이라는 내용이 담겨 있었다. 그 옛날 나라를 구하겠다고 모여든 많은 백성들의 마음을 잊지 말자는 후손의 따뜻한 마음이 전해져 오는 듯하였다.

비교적 크게 만들어 놓은 수구

독산성에는 또 한 가지의 옛이야기가 전해져 내려오고 있다. 1760년 7월 사도세자는 온양으로 온천욕을 가는 도중 수원부에 들러 백여 년 전 고조할아버지인 효종이 능으로 쓰려고 했던 곳에 가 보았다. 사방을 두루 둘러보고 참 좋은 자리라고 감탄하면서 발길을 돌렸다. 그리고는 몇 년 있다가 사도세자는 왕이 되지 못한 채 뒤주에 갇혀서 죽음을 맞이한다.

왕이 된 정조대왕은 아버지 사도세자의 능을 전에 와서 보고 좋다고 한 독산 근처로 옮겼다. 그리고 아버지를 그리워하며 아버지가 활쏘기를 했던 곳인 독산성에 백성들을 이주시켜 아침 저녁으로 생솔가지를 피워 그 연기를 향으로 삼아 돌아가신 아버지를 위로했다고 전해 온다. 그래서 독산성이 있는 산을 향로봉이라고도 부른다고 한다.

독산성은 나라가 위급한 상황에서 힘을 모아 4일 만에 성을 쌓은 백성들의 나라를 사랑하는 충성심과 비운에 돌아가신 아버지를 그리워하여 아침 저녁으로 향을 피우게 한 정조대왕의 효심이 남아 있는 곳이다.

오산시에서는 이곳 독산성에 4.98km의 산책로를 만들었다. 건강에 관심이 많은 시민이나 도보 여행을 하는 사람들이 이곳에 들러 자연을 벗 삼아 여가를 즐기고 있다. 도로 입구 산문에서 독산성 한 바퀴를 도는 데 약 1시간 정도 소요된다. 여유 있는 주말에 독산성 성벽길을 걸으며 가족들과 건강도 챙기고 나라 사랑하는 마음과 부모님께 효도하는 마음을 다시 한 번 되새기는 시간을 갖는 것도 좋을 듯하다.

무너진 성벽

몽고군도 함락시키지 못한 철옹성

안성 죽주산성

경기도 안성시 죽산면 매산리에 있는 죽주산성은 석축산성으로 둘레는 1,688m이며 내성, 본성, 외성의 중첩된 성벽구조를 갖고 있으나 축조 시기는 정확히 알 수 없다. 이곳은 청주와 충주의 두 길이 만나는 중부 내륙 교통의 요충지였다. 경기도 기념물 제 69호이다.

출처 죽주산성 안내판

내성, 외성, 본성의 삼중성

답사 가는 날 날씨는 무척 좋았다. 일기예보에서 옅은 황사가 있다고 했지만 걱정할 정도는 아니었다. 오히려 하늘은 평소 스모그가 낀 날보다 쾌청했다. 안성으로 가는 도로 좌우측은 모내기를 하려는지 논에 물이 가득 차 있었다. 경지 정리가 잘된 논에 하늘빛이 반영되어 마치 하늘을 분양해 놓은 것 같았다. 또 논마다 똑 같은 구름이 비춰져 여러 개의 쌍둥이 구름이 존재하는 듯 색다른 풍경을 만들어 냈다. 자연이 만드는 아름다운 예술 작품을 감상하면서 여유 있게 죽주산성으로 향했다.

죽주산성은 안성시 이죽면 매산리 비봉산 자락에 있다. 중부고속도로 일죽 IC

동문은 앞쪽은 아치형이며 뒤쪽은 사각형으로 축성되어 있다.

에서 나오면 쉽게 찾을 수 있다. 산성 아래까지 길이 잘 닦여져 있고, 동문 아래 주차장이 있어서 답사하는 데 매우 편하다. 산성답사는 30분 정도 길면 몇 시간 산행으로 힘들게 발품을 팔아야 하는 경우가 많은데 오늘은 날씨도, 도로 사정도, 산성 찾기도, 답사 조건도, 무척 편해서 횡재한 것 같은 느낌이 들었다.

신라때 처음 쌓았다는 내성

죽주산성은 신라 때 처음 내성을 쌓았고, 고려시대에 외성을 쌓았으며, 언제 쌓았는지 정확히 알지 못하는 본성까지 삼중성이다. 그만큼 여러 시대를 거치면서 성의 중요성은 강조되었고, 실제로 여러 전쟁의 중심에 있었다. 성의 둘레는 1,688m이고, 높이는 2.5m이며 성곽이 온전히 남아 있는 곳은 외성뿐이지만 본성과 내성의 흔적도 찾을 수 있다. 네 곳의 문지와 장대지도 비교적 온전히 남아 있어 다른 성에 비해 보존 상태나 복원이 잘 되어 있다.

죽주산성과 두 영웅

통일 신라 진성여왕 때 지방의 호족들이 반란을 일으켜 나라는 혼란에 빠지게 되었다. 이 때 죽주지방에서 위세를 떨치던 기훤의 부하 중에 궁예가 있었다. 궁예는 후고구려를 건국한 왕이다. 신라의 왕족으로 정권다툼에서 희생되어 유모와 도망가 세달사의 승려가 되어 선종이라 불렸던 인물이다. 진성여왕 5년(891년) 죽주지방의 호족 기훤의 부하가 되었다가 푸대접을 받자 892년에 원주 지방에서 반란을 일으킨 양길의 부하가 되었다.

그 후 강원도, 경기도, 황해도 일대에서 세력을 넓혀 나갔다. 개성 호족 왕건의 도움으로 효공왕 2년(898년) 양길을 물리치고 개성을 근거로 자립하여 고구려의 부흥을 표방하면서 901년에 후고구려를 건국하였고 스스로 왕이 되었다. 궁예는 미륵신앙을 이용하여 민심을 잡아 정권을 이어나갔으나 포악한 성격과 횡포가 심하여 부하들에게 죽임을 당하고 만다.

죽주산성은 기훤이 본고지로 삼았던 산성이니 그의 부하였던 궁예도 잠시나마 이곳 죽주산성에 머물렀을 것이다. 그렇다면 죽주산성 어디엔가 궁예의 족적이 남아 있으리라.

죽주산성에는 잘 알려지지 않은 또 한 명의 전쟁 영웅이 있다. 그가 바로 송문주 장군이다. 송문주 장군은 이순신 장군이나 김유신 장군처럼 잘 알려진 장군은 아니지만 죽산 지역의 백성들에게 추앙을 받는 인물이다.

송문주 장군은 고려 시대 몽고의 1차 침공 당시 귀주성에서 몽고군을 막아낸 공로로 죽주산성 방호별감에 임명되었다. 고려 고종 23년(1236년) 9월에 이곳까지 몽고군이 침략해 오는데 죽주는 충주와 청주로 가는 두 길이 만나는 중부 내륙

기단과 상단을 2단으로 축조한 이중성벽

몽고군의 공격을 15일이나 막아낸 송문주 장군 사당

의 요충지였기 때문에 몽고군의 치열한 공격을 받았다. 송문주장군은 몽고의 공성작전을 꿰뚫고 있어서 적의 공격에 대비할 때 부하들은 장군을 믿고 따랐다고 한다. 당시 아시아 최강 몽고군의 공격을 15일간이나 방어하여 몽고군 공격의 속도를 늦추는 역할을 했다. 끝내 몽고군은 죽주산성을 함락시키지 못하고 성을 우회하여 남쪽으로 내려갔다. 경주까지 내려간 몽고군은 황룡사를 불태우는 등 우리나라에 많은 피해를 주었다. 당시 몽고군이 지나가면 해골만 남는다는 공포의 말이 전해졌지만 송문주 장군이 지킨 죽주산성만은 이런 피해를 보지 않았나. 이런 장군의 공적을 기려 지금도 죽주산성 안에는 송문주 장군의 사당인 충의사가 남아 있다.

역사 현장 체험 교육의 산실

죽주산성 답사는 동문에서 시작되었다. 입구에서 보면 옛 성이 남아 있는 부분과 복원한 부분이 확연하게 차이가 나서 조화를 이루지 못하고 있다는 느낌을 받았다. 동문은 거대한 장대석을 쌓아 무지개 모양의 홍예문으로 이루어져 있었다. 옆의 성벽에 비하면 매우 깨끗해서 복원한 것으로 추측되었다. 동문을 지나 오른쪽으로 방향을 틀어 성벽 쪽으로 향하자 죽주산성 안내도가 있었다. 죽주산성의 형태는 마치 발바닥처럼 생겼다. 입구인 동문지는 발뒤꿈치에 해당하고 서치성과 동치성은 발가락에 해당되었다.

동문을 뒤로 하고 약간의 오르막길을 따라 오르니 왼쪽으로 내성이 복원되지 않은 채 방치되다시피 하였고, 오른쪽 남문지는 복원이 잘 되어 있어 대조를 이루고 있었다. 조금 더 오르자 잘 생긴 오동나무가 보였다. 오동나무 옆에는 북치성이

적에게 대포로 공격을
했던 포루

있는데 이곳에는 방어시설인 포루가 설치되어 있었다. 이 포루는 큰 돌을 잘 나듬어 'ㄷ'자 모양의 3단 높이로 쌓았다. 포루 앞으로는 안성의 평야가 바라보였다. 거대한 돌 사이로 대포나 총을 쏠 수 있는 구멍이 여러 개 나 있었다. 유럽의 나바론 요새가 자연 환경을 이용한 요새라면 북치성의 포루는 사람이 만든 철옹성 같은 요새라 할 수 있다.

죽주산성 안에는 무궁화가 많이 심어져 있었다. 무궁화는 아직 자라지 않은 묘목 상태로 이곳저곳 나무를 심을 수 있는 공간마다 심어져 어린잎이 고개를 내밀고 있었다. 다시 방향을 돌려 소나무와 낙엽송이 많은 곳으로 향했다. 자그마한 문지가 나왔다. 문은 그리 크지 않았다. 성벽은 문지와 연결되어 굴곡을 이루며 계속 이어져 있었고, 산의 지형에 맞게 오르락 내리락 갑자기 90도로 꺾였다가 다시 뱀처럼 휘어져 있었다.

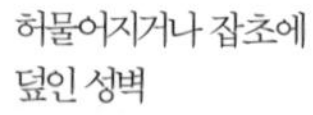

허물어지거나 잡초에
덮인 성벽

약간 언덕을 오르니 또 자그마한 문이 나타났다. 서문이다. 이 서문은 내성과 외성이 연결되는 곳으로 추측된다. 오른쪽으로 방향을 틀어 외성 밖으로 나가니 무너진 채 옛 모습 그대로였다. 무너진 잔돌 사이에 제비꽃이 군락을 이루었다. 보랏빛 제비꽃은 마치 몽고군 침입 때 죽은 백성들의 넋인 양 바람에 가녀린 꽃대가 마구 흔들리고 있었다.

다시 내성으로 들어와서 복원된 성벽 길을 타고 답사를 계속하였다. 서문지에서 남치성 쪽의 서쪽 성벽의 반은 복원을 해 놓았고 남치성 근처는 복원이 되질 않았다. 서쪽 성벽은 기단석 위에 성벽을 견고하게 쌓았다. 남치성은 옛 모습대로 복원되지 않은 채 있었다. 남치성 위에는 커다란 주춧돌이 서너 개 보였다. 아마도 남치성 위에는 망루와 같은 건물이 있었으리라 생각된다.

오랜 시간의 더께가 앉은 성벽

남치성 아래로 내려가니 처음 답사를 시작했던 동문에 다다랐다. 동문에서 보니 죽주산성 안은 발굴하다가 중단한 흔적이 남아 있었다. 멀리 송문주 장군의 사당 충의사도 보였다. 그리고 우물도 눈에 들어왔다. 목을 축일 겸 사당쪽으로 향했다. 낙엽송 사이에 넓은 공간에는 교회에서 야유회를 나와 재미있게 놀이를 하고 있었다. 아이들이 떼를 지어 부서진 용머리 모양에서 나오는 물로 장난을 놀고 있었다. 물 한잔을 마시고 충의사 계단을 올랐다. 충의사 주변에는 내성의 흔적으로 보이는 돌무더기 사이로 영산홍이 붉게 피어 있었다. 문득 송문주 장군의 나라사랑 일편단심이 저 붉은 꽃으로 피어난 듯 느껴졌다. 잠시 눈을 감고 고개를 숙였다.

성 안의 넓은 공터에 역사 체험 시설을 세운다면 역사 현장 체험 교육을 할 수 있는 장소로 손색이 없어 보였다. 비록 역사상 주목되는 성은 아니지만 6월 보훈의 날에 유원지를 찾아가는 것보다 목숨 바쳐 나라를 지킨 선조들의 얼을 되새겨 보는 것도 자녀 교육에 가치 있는 체험이 되리라 생각해 보며 발길을 돌렸다.

검단산성 성벽 모습

조상의 지혜가 담겨 있는 백제 산성

순천 검단산성

전라남도 순천시 해룡면 성산리에 있는 검단산성은 길이는 430m이며 전형적인 테뫼식 산성이다. 축성 시기는 6세기 말에서 7세기 전반 경으로 추정하는 이 지역에서 최초로 조사된 백제시대 석성으로 중요한 가치를 갖는다. 사적 제 418호이다.

출처 검단산성 안내판

순천의 자랑 팔마비

2013년 국제 정원 박람회가 열린 순천은 볼거리와 먹거리가 많은 천혜의 관광지이다. 소백산맥 끝자락에 자리 잡은 조계산은 송광사와 선암사를 품고 있어 사계절 많은 사람이 이곳을 찾아온다. 또 자연 생태 공원을 품고 있는 순천만에도 비릿한 바다 내음을 맡으며 갈대숲을 걷는 낭만적 아름다움을 만끽하려고 많은 관광객들의 발길이 끊이지 않는다. 그래서 순천 답사는 자연의 아름다움과 다양한 먹거리 때문에 항상 어린애처럼 설레는 마음으로 시작하곤 한다.

순천은 백제의 땅이었다. 그 당시는 삽평이라 불렀다. 그러다 고려시대 때는 승평이라 불렀고, 조선시대에 들어와서 순천이란 이름을 얻게 되었다.

산성 정상부의 비교적 넓은 평지

순천에는 팔마에 얽힌 이야기가 있다. 고려 충렬왕 때 최석이란 사람이 승평부사로 있다가 내직으로 떠날 때 선정을 펼친 부사의 노고를 칭송하기 위해 백성들이 돈을 모아 말 여덟 마리를 보내주었다. 최부사는 말을 받지 않고 다시 돌려주었는데 도중에 낳은 새끼까지 돌려주었다고 한다. 순천 백성들은 그의 청렴하고 어짐을 칭송하기 위해서 팔마비를 세웠다. 이 이야기로 인해 순천 시민들은 팔마비를 자랑스럽게 생각하고 학교 이름에서 체육관 이름까지 '팔마'로 지었다.

순천 지역의 백제 산성

순천역에서 내려 검단산성을 찾아 나섰다. 순천에서 여수 방면으로 가다보면 해룡면이 있다. 이 지역은 그리 높지 않은 산들이 많이 분포되어 있는데 그 중에 138.4m의 검단산이 있다. 도로가에 서 있는 검단산성 표지판을 따라 산길을 15분 정도 올라가니 산 정상에 도착했다. 그러나 검단산성은 보이지 않고 안내판만 덩그러니 보였다. 토성처럼 보이는 언덕에 만들어진 좁은 나무 계단을 따라 오르니 산 정상에 넓은 운동장처럼 산성 건물터가 나타났다. 주위에는 울타리를 만들어 옛 건물의 흔적을 안내하고 있었고, 오른쪽에는 이곳에서 출토된 부서진 기왓장을 쌓아 놓았는데 그 양이 엄청나게 많아서 여러 채의 기와 건물이 있었던 것으로 생각되었다.

검단산성 건물터의 기왓장 산해

주위를 둘러보니 성벽은 눈에 띄지 않고 풀 숲 사이로 돌무더기가 이따금 보였다. 검단산성의 옛 모습은 성의 길이가 약 430m 정도 되며 성벽의 안팎을 모두 돌로 쌓은 협축식의 석성이었다고 한다. 성의 두께는 5m가 되며 내벽 높이는 2m, 외벽 높이는 4~5m로 추정하고 있다.

검단산성은 한성 또는 조선산성으로

성 밖으로 하수를 내보내는 수구

불렀다고 하는데 성의 축성 기법이나 출토된 기와와 토기 조각으로 볼 때 축성 시기는 6세기 말에서 7세기 전반으로 보고 있다. 이때는 백제가 지배하던 시기로 순천지역에서 최초로 조사된 백제 석성으로 중요한 가치를 지녔다고 한다.

넓은 공터 여기저기에는 발굴 당시의 사진이 담긴 시설물에 대한 안내판이 있었다. 가장 먼저 눈길을 끈 것은 바로 팔각 집수정이었다. 낮은 산에 축성한 산성이라 부족한 물을 저장하기 위해서 집수정을 설치했을 것이라는 생각이 들었다. 평소에는 물을 길어와 저장하였고 비가 오면 빗물을 모아 저장하는 시설이었다고 한다. 이 집수정의 구조는 석비례층을 지름 700cm, 깊이 270cm 규모의 원형으로 땅

산성 정상부에 있는 다각형 건물터. 초석이 줄지어 남아 있다.

을 파고, 벽면은 90cm, 바닥은 70cm 정도 두께로 진흙을 쌓고 그 안에 한 변이 160cm 내외, 너비 420cm 크기의 팔각 집수정을 만들었다.

산성이 낮은 구릉지라 물의 확보가 어려운 단점을 집수정을 만들어 극복하려 했던 선조들의 지혜는 마음으로 느끼는 감동뿐만 아니라 어려울 때 지혜를 발휘하여 극복해 나가야 한다는 교훈도 얻은 것 같아 무척 뿌듯했다.

또 하나는 다각형 건물이다. 우리나라는 대부분 사각형의 집을 짓는다. 그런데 검단산성의 다각형 건물은 초석의 형태로 보아 12각형으로 추정하고 있는데 이 건물은 그 형태가 특이하여 제사나 의례를 행했던 건물로 사용한 것 같다. 옛날부터 우리 조상들은 하늘을 공경하고 하늘에 의지하는 풍속을 갖고 있었으니 이를 뒷받침하는 건물이라는 생각을 해 보았다.

검단산성의 구조와 축성 방법

검단산성에는 서문, 북문, 남문이 있었으나 지금은 흔적만 남아 있다. 남문은 입구에 나무 계단을 만들어 놓은 곳이고, 북문은 잡초가 우거진 채 산 아래로 내려가는 길처럼 보였고, 서문은 움푹 파여 있을 뿐 안내가 없다면 성문으로 보기 힘들 정도로 원형이 훼손되어 있었다.

흔적을 찾기 어려운 북문지

성벽은 자연 암반이나 석비레층을 'ㄴ'자 형으로 판 후, 별도의 시설을 만들지 않고 거의 수직에 가깝게 다듬지 않은 성돌을 쌓았다. 경사가 완만한 부분은 1~2단, 경사가 심한 곳은 4~5단의 벽석 높이까지 생토면을 파고 성벽을 쌓아 올렸다. 성돌은 주로 할석을 이용하여 반듯한 면을 바깥면으로 향하게 하여 수평을 맞추어 쌓았고, 다듬지 않은 돌로 쌓을 때 생기는

백제시대 우물구조와 건축술을 이해하는 데 중요한 대형 우물지

공간은 쐐기를 박아 쌓았다고 하는데 발굴 당시 찍은 안내 사진을 보면 성벽은 촘촘하거나 단단해 보이지는 않았다.

아랫쪽으로 내려가니 짧지만 외성과 내성의 성벽이 보였다. 외성과 내성으로 구분한 것은 그저 바깥쪽의 성벽을 외성으로 안쪽에 있는 성벽을 내성 성벽으로 추정한 것이다.

성벽 근처에는 대형 우물이 있었다. 길이는 대략 8m 정도이고, 너비는 4~5m 정도이며 깊이는 3~5m 정도로 벽은 다양한 크기의 돌들을 주로 가로 방향으로 쌓아 올렸다. 동쪽에 비해 서쪽 벽을 높이 쌓았는데 빗물이나 자연적으로 솟아나는 물이 가득 차면 넘쳐흐르도록 설계되어 있었다.

그리고 돌로 쌓은 우물이 무너질 것을 대비하여 내부와 바닥에 높이 170cm, 너비 25cm, 두께 10cm 내외의 네모로 다듬은 나무와 원형의 나무가 서로 교차하게 이어져 있어 백제시대 우물 구조와 건축술을 연구하는데 중요한 자료라고 한다.

순천왜성과 마주 보고 진을 치다

검단산성이 역사상으로 주목 받은 것은 정유재란 때였다. 순천지역은 북쪽에는 높은 산이 있고, 남쪽으로는 바다에 접해 있어 왜군은 북쪽에서 내려오는 조선군을 막지 못하면 바다를 통해 도망가야 한다. 그래서 왜군은 바닷가 언덕에 순천왜성을 쌓고 숨어들어 꼼짝 않고 방어만 하고 있었다.

권율장군이 지휘하는 조선군은 왜군의 본거지를 공격하기 위해 검단산성에 진을 쳤다. 산성 정상부에서는 순천왜성에서 움직이는 사람의 모습을 관측할 수 있었다. 장군은 왜군을 바라보면서 최후의 격전을 앞에 두고 어찌하면 우리 병사들의 희생을 줄이고 왜성을 함락시킬 수 있을까 노심초사하며 작전을 구상했을 것이다.

지금은 공장으로 변한 순천 왜성 앞바다에 수많은 왜선이 정박해 있고 바다 한 가운데는 이순신 장군이 이끄는 조선 수군이 일본으로 도망가려는 왜군 선박의 퇴로를 막고 있는 모습들도 상상해 보았다. 높지 않은 산 정상에 한 눈에 둘러볼 수 있는 작은 성에 주둔했던 조선군이 오랜 세월 끌어 온 왜란의 종말을 이끌어 냈다고 생각하니 무척 대견스러웠다.

설명이 없다면 찾기도 어려운 산성 성문 흔적

검단산성을 내려오면서 사진이 담긴 안내판 몇 개만 남아있고 성곽의 모습은 확인할 길이 없어서 가슴 한구석이 허전했다. 그러나 검단산성에 남아있는 조상들의 지혜들은 그나마 텅 빈 가슴을 위로해 주기 충분하였다.

검단산성에서 바라다 보이는 순천 왜성

무너진 성벽

병사 한 명 없이 왜군을 떨게 하다

문경 고모산성

경상북도 문경시 마성면 신현리에 있는 고모산성은 둘레는 1,270m로 성의 가장 높은 곳이 11m이며 장방형을 이루는 석축산성이다. 삼국시대 초기인 2세기경 신라에서 계립령로를 개설하던 시기에 북으로부터의 침입을 막기 위해 축조된 것으로 추정된다.

출처 고모산성 안내판

성벽에서 바라본
진남교반

백두대간을 넘나드는 고개를 지키기 위해 쌓은 산성

경상북도 팔경 중 제 1경인 진남교반에는 봄을 대표하는 벚꽃과 개나리가 손대면 쨍그랑하고 깨질 듯한 푸른 하늘을 향해 경쟁하듯 살랑살랑 손을 흔들고 있었다. 유원지 주변은 또 다른 꽃봉오리들이 서로 교태를 부리고 있었고, 달콤한 꽃향기는 온 천지를 진동하고 있어 마치 꽃으로 꾸민 대궐 같아 보였다.

진남교반 주위를 흐르는 영강은 617m의 어룡산과 810m의 오정산 사이를 태극 모양으로 흐르고, 강 주변에 하늘로 치솟은 층암절벽은 강물과 어울려 아름다운 풍경을 만들고 있으며, 그 사이 사이로 벚꽃 잎들이 바람에 휘날려 마치 하늘에서 흰 눈이 천천히 맴을 돌면서 떨어지는 것처럼 보여 가히 절경이었다.

이곳은 신라 아달라 이사금 때 경상도의 낙동강과 충청도의 남한강을 잇기 위해 맨 처음 만든 고개인 계립령 근처이며, 조선시대 때 영남지방 사람들이 한양을 가기 위해 백두대간을 넘던 문경새재의 입구로 교통의 요지이다. 고구려는 남진을 위해 백두대간을 넘어야 했고, 신라는 북진을 위해 백두대간을 넘어야 했기 때문에 이 지역은 항상 전쟁터가 될 수밖에 없었다. 고모산성은 군사력이 막강해진 신라가 백두대간을 넘나드는 고개를 장악하기 위해서 쌓았다고 전해 온다.

토끼비리의 유래

고모산성의 오른쪽 끝 부근에는 토끼비리라고 부르는 길이 있다. 토끼비리는 영남대로의 옛길 구간에 있는 낭떠러지 바윗길이다. 영남대로는 많은 사람들이 다녀서 낭떠러지 바윗길이 닳고 닳아 반질반질하여 얼굴이 비칠 정도다. '비리'라는 말은 위험한 낭떠러지라는 말인 '벼루'의 사투리이다. 그러니 토끼비리는 토끼만 지나다니는 위험한 낭떠러지로 그 유래가 재미있다.

토끼만 지나다닐 정도로 위험한 낭떠러지 길이라는 토끼비리

고려 태조 왕건이 견훤을 쫓아 남쪽으로 내려와 이곳에 이르니 물은 깊고 계곡은 벼랑에 둘러싸여 병사들을 앞으로 진군시키기가 어려웠다. 때마침 토끼 한 마리가 벼랑을 타고 도망가는 것이 목격되었다. 병사가 그 토끼를 따라가 보니 길을 낼만한 좁은 길이 있었다. 왕건은 병사들에게 길을 만들라고 명령하니 바위를 자르고 난간을 만들어 길을 열었는데 이 길을 '토천' 즉 '토끼비리'라고 불렀다고 한다.

영강을 해자로 이용한 천혜의 요새

고모산성은 문경시 마성면 신현리 고모산에 있는 포곡식 산성으로 본성과 오른쪽에 날개를 펼친 것 같은 390m의 석현성으로 이루어져 있다. 성의 서쪽과 남쪽은 영강이 감싸고 있어 천연 해자 역할을 해주는 천혜의 요새이다. 할미성이라고도 부르는 이 성의 둘레는 1,270m로 장방형을 이루고 있으며 성의 높이가 낮은 곳은 1m, 높은 곳은 11m이고 폭은 2~3m이다. 서쪽은 낭떠러지로 한쪽만 돌로 쌓은 편축식으로 성벽을 쌓았고, 나머지 삼면은 성벽 안팎을 쌓는 협축식으로 성을 쌓았다.

고모산성은 지세로 보나 견고함으로 보나 성 앞에 서면 위압감 때문에 감히 공격할 엄두가 나질 않는다. 임진왜란 초기에 북상하던 왜군은 조선 군사들이 다 도

견고하고도 장중한 위엄을 갖춘 성벽

문루가 없어 아쉬운 복원된 남문

망가 텅 빈 고모산성을 몇 번이고 살펴보고 정말 군사들이 없는 것을 확인한 후에야 들어갔다고 한다. 함락시키기 어려운 성을 공격 한 번 안하고 점령하여 너무 기쁜 나머지 춤추고 노래 부르면서 지나갔다고 한다. 고모산성은 군사 한 명도 없이 왜군의 진격을 지연시켰다고 하니 그 위용을 짐작할 수 있을 것이다.

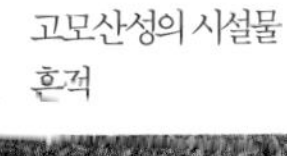

고모산성의 시설물 흔적

고모산성 답사는 석현성 정문인 진남문에서 시작하였다. 성문 왼쪽으로 고모산성의 남쪽 성벽이 보였다. 천천히 계단을 오르며 성벽을 바라보니 정말 거대한 모습이었다. 그러나 복원된 남문은 문루가 없어 아쉬웠다. 남문 앞에는 넓은 공터가 있었는데 건물이 있었던 곳으로 추정되었다. 오른쪽으로 남문에서 동문으

높은 성벽 위에 1m 높이의 목책을 설치해 놓았다.

로 이어진 성벽은 무너져 돌무더기만 쌓여 있었고 외롭게 나무 한 그루가 서 있었다. 왼쪽으로 영강이 흘러가는 모습을 볼 수 있는 곳에 서쪽 성벽이 있었다. 성벽 위에는 1m 높이로 세운 목책이 보이고 중간 지점에 전망대도 있었다. 그곳에서는 길게 뻗은 문경대로에 쉴 새 없이 오고 가는 자동차의 모습을 내려다 볼 수 있었다. 중부내륙고속도로가 생겼지만 아직도 이곳의 차량 통행량은 줄지 않아 보였다.

복원한 서쪽 성벽이 끝나는 곳의 하단부에는 옛 성벽은 남아있고 윗부분은 허

석현성 성벽에는 여장과 총안이 설치되어 있다.

무너져 흔적만 남은 서문과 그 옆에 있는 집수지

물어진 서문이 보였다. 서문 옆에는 집수지로 보이는 물웅덩이가 있었고 그 뒤로 북문으로 연결된 성벽이 무너진 채로 있었다. 성벽 옆에 나무 계단으로 탐방로를 만들어 놓았는데 마치 풀어 놓은 실타래처럼 보였다.

고모산성은 찾는 사람은 그리 많지 않았다. 삼국시대에는 치열한 싸움이 일어난 각축장이었고, 을미사변 때는 구국의 정신으로 무장한 의병들이 나라를 위해 싸우다 목숨을 버린 곳이기도 하고, 한국 전쟁 때는 북한군의 남진을 목숨으로 저지했던 곳이었는데도 이제는 찾는 사람 없이 관심 밖으로 밀려나 있으니 아쉬운 마음이 들었다. 고모산성은 너무 조용하여 역사의 뒤안길로 사라진 퇴역장군의 뒷모습처럼 보였다.

성황당의 애틋한 전설

고모산성 답사를 마치고 석현성으로 다시 내려왔다. 성 안에는 주막거리가 복원되어 있었다. 비록 복원한 돌담이지만 정겨워 보였다. 초가지붕을 올린 몇 채의 주막집이 손님을 기다리고 있었다. 영남대로는 지금의 경부고속도로였으니 주막집은 고속도로 휴게소라고 볼 수 있다. 경상도 구석구석에서 한양으로 가기 위해 아찔한 토끼비리를 지나 주막에 앉아 탁주 한 잔 마시며 하늘을 쳐다보고는 이제 반 왔다고 긴 한 숨을 쉬었을 조상들의 고단한 삶이 눈에 보이는 듯했다.

주막거리 뒤로 성황당이 있었다. 멀리서 보기엔 지붕이 무거워 보일 정도로 균형이 맞지 않는 건물이었다. 맞배지붕에 정면 1칸 정도의 작은 당집인데 이 성황당에는 애틋한 전설이 전해져 내려오고 있다.

옛날 옛날에 이곳에 늙은 홀아비가 시집 안간 딸을 데리고 살고 있었다. 하루는 과거 보러가는 선비가 날이 어두워져 이 늙은 홀아비 집에서 하루를 묵게 되었다. 선비가 범상치 않은 인물이라는 것을 알아본 아비는 딸과 혼인할 것을 부탁했다. 선

손님을 기다리는 주막 거리

비는 청을 거절할 수 없어 며칠을 묵고 나서 과거를 보고 오면 그 때 정식으로 혼례를 올리자고 하고서는 한양으로 떠났다.

정혼한 딸은 선비가 과거 급제하게 해달라고 밤낮으로 정화수를 떠 놓고 빌고 빌었다. 그 덕인지 선비는 과거에 급제하였다. 선비는 너무 기쁜 나머지 자신을 위해 정성으로 기도드린 딸의 존재를 까맣게 잊고 말았다. 이제나저제나 선비가 오기를 기다리던 딸은 그만 죽고 말았다. 원한을 품고 죽었다.

죽은 딸은 구렁이로 환생하여 이곳을 지나는 선비들에게 해코지를 했다. 한 명, 두 명 선비들이 피해를 입자 그 소문이 널리 퍼지게 되었고 급기야 그 선비가 알게 되었다. 자신의 실수로 원한을 품고 죽은 딸의 넋을 기리기 위해 이곳에서 제를 지냈다. 그러자 구렁이로 환생한 딸이 나타나 눈물을 뚝뚝 흘리고는 사라지고 말았다. 그래서 사람들은 슬픈 여인의 혼을 달래주기 위해 성황당을 지었다고 한다.

많은 전설과 역사가 숨 쉬는 현장, 그리고 아름다운 주위 경관을 두어 시간 둘러보고 문경온천 따뜻한 물에 몸을 담그면 피로가 풀리면서 잃었던 활력을 되찾을 수 있다. 그리고 주위의 높은 산에서 나오는 산나물을 재료로 한 산채 정식을 맛본다면 일거양득의 여행 효과를 얻을 수 있다. 사람들이 많이 몰리는 관광지에서 어깨가 부딪치는 복잡함에서 벗어나 알거리, 볼거리, 먹거리의 삼박자가 갖추어진 고모산성 답사를 적극 권해 본다.

적상산성 성벽

조선왕조실록을 지킨 천혜의 요새

무주 적상산성

전라북도 무주군 적상면 북창리에 있는 적상산성은 적상산의 지형을 잘 이용하여 쌓은 석축산성이다. 총 길이는 8,143m이며 동서남북으로 4개의 문이 있었으나 지금은 터만 남아 있다. 축성시기는 알 수 없는데 삼국시대로 추정된다. 사적 제 146호이다.

출처 적상산성 안내판

전라북도의 지붕 무주

무주는 전라북도의 지붕이라 부른다. 지붕은 집에서 가장 높은 곳이니 무주는 지대가 높은 곳이다. 무진장이란 말도 있다. 전라북도 동북쪽의 산간지방인 무주, 진안, 장수를 일컫는 말이다. 이들 세 군은 지형적으로 높다는 공통점이 있고, 생활이나 문화가 비슷하면서, 먹고살기 좋을 만큼 산물이 풍성해서 세 고을의 첫 글자를 따서 '무진장'이란 말이 생겼다.

무주는 무풍현과 주계현이 합쳐져서 이루어졌다. 삼국시대 때 무풍현은 신라 땅이었고, 주계현은 백제 땅이었다. 조선시대 태종 14년(1414년)에 두 현을 합쳐

성벽 아래로 도로가 까마득하게 보인다.

첫 자를 따서 무주현이라 하였다. 현종 15년(1674년) 적상산 사고가 설치되면서 무주현에서 무주도호부로 승격되어 주위의 마을을 편입시켰다. 무주도호부의 수장인 도호부사는 적상산성 수성장과 토포사를 겸하였다.

무주군 적상면 해발 800~900m 가량 되는 산허리에 층암절벽이 병풍처럼 겹겹이 둘러싸고 있는 바위산이 있다. 가을에 단풍색이 유난히 붉어 마치 여인이 치마를 두른 것 같다고 하여 붉을 '적'자와 치마 '상'자를 써서 적상산이라 부르는데, 이 높고 험한 산악 지역에 사고를 설치하면서 적상산성을 쌓아 사고를 수호하는 역할을 하였다.

천연 암벽에 축성한 포곡식 산성

적상산성은 적상산의 천연 암벽을 이용하여 길이 8,143m로 쌓은 포곡식 산성이다. 성벽은 낮은 편인데 적상산이 워낙 험해서 성벽을 높이 쌓을 필요가 없었기 때문이라고 한다. 적상산성은 절벽과 낭떠러지를 이용하여 성곽의 모양을 구불구불거리게 쌓았다. 동서남북에 4개의 문이 있고 각 문에는 2층의 문루가 있었다고 전해지지만 지금은 그 터만 남아 있다.

적상산은 지형적으로 천혜의 요새이며, 산정은 평탄하고 물이 풍부하여 일찍부터 군사요충지로 주목을 받았다. 고려시대 거란이 침략했을 때 이곳으로 피난한 백성들은 화를 당하지 않았다고 한다.

고려 공민왕 때에는 삼도도통사 최영 장군이 제주도를 정벌하고 돌아오는 길에 적상산 산세가 험한 것을 보고 천혜의 요소를 갖춘 이곳에 성을 쌓아 환란에 대비할 것을 건의하였고, 또 조선 세종 때 체찰사 최윤덕도 이곳을 살펴본 뒤 반드시 축성하여 보존할 곳이라고 건의했다고 전한다.

임진왜란 때 송강 정철은 무주의 적상산, 장성의 입암, 담양의 금성과 동복의 옹암에 산성 수축을 선조에게 건의했다. 이들 산성은 천연의 요새로서 만약 미리 수축하여 군사와 군량을 비축하고 설비를 두루 갖춘다면 위급 시에 성이 없는 고을

들이 여기에 들어가서 난리를 피하고 적을 막기에 충분하니 민심이 이를 믿고 두려워하지 않을 것이므로 도움이 적지 않을 것이라 하였다고 전해온다.

인조실록에는 비변사가 적상산성은 형세가 나라 안에서 으뜸이니 성을 수축하고 곡식을 저축하여 꼭 지켜야 할 곳으로 삼는다면 삼남의 안전을 보장하는 곳 가운데 하나가 될 것이라고 왕에게 보고하고 있다. 그러나 실제 적상산성을 쌓은 시기는 정확히 알 수 없고, 다만 성을 쌓은 형식으로 보아 삼국시대로 추정된다고 한다.

조선왕조실록을 보관한 적상산성

조선은 왕조의 역사를 잘 보관한 나라였다. 실록은 쓰는 것도 중요하지만 이를 보관하는 것은 더욱 중요한 일이었다. 세종 이후 실록과 왕실 족보는 한양의 춘추관, 충주사고, 전주사고, 성주사고 등 네 곳에 보관하였다. 그러나 임진왜란으로 인해 전주사고만 남고 나머지 사고는 소실되고 말았다. 전주사고 실록은 임진왜란 중에 내장산으로 옮겼다가 해주, 강화, 묘향산으로 분산시켰다. 전쟁이 끝나고 전주사고의 원본은 새로 5부를 만들어 춘추관, 강화도 마니산 사고, 경북 봉화의 태백산 사고, 평안도 묘향산 사고, 강원도 오대산 사고 등 전쟁을 대비해서 산 속 깊은 곳으로 옮겨 보관하게 되었다.

그 후 광해군 2년 무주현감의 장계에 따라 적상산성을 고쳐 쌓으면서 광해군 6년(1614년)에는 실록각을 짓고, 4년 뒤에 선조실록을 봉안하였다. 인조 12년(1634년)에는 평안도 묘향산에 있는 실록 일부를 이곳으로 옮겼으며 7년 뒤에 신원각을 건립하여 조선 왕실 족보를 보관하였다. 이때부터 적상산성은 조선왕조실록을 보호하는 임무를 맡게 되었다.

또한 인조 때 전라감사 원두표는 적상산성은 산세가 높고 가팔라서 사람 살기가 불편하니 승려들을 모집하여 들여보내자고 왕께 건의했다. 그리하여 산성 안에 사고를 지키고 산성 수비를 강화하기 위해 수호사찰로 호국사를 창건했다. 지금은 호국사 자리에 안국사가 있다.

돌로 견고하게 쌓은 수구는 성벽에 비해 큰 편이다.

적상산성에서 전투를 했다는 기록은 없다고 전해진다. 주로 사고를 지키는 역할을 담당하였기 때문이다.

조선이 일본에게 나라를 빼앗긴 후 적상산 사고에 보관 중이던 실록과 왕실 족보는 서울의 규장각으로 옮겨갔다. 적상산 사고는 건물만 남아 관리되지 않고 있다가 세월의 풍화를 견디지 못하고 무너져 버렸다. 건물터만 남아 있다가 1992년 무주 양수 발전소 댐 축조로 사고터가 물에 잠기게 되어 현재 위치로 유구가 옮겨졌으며 1997년 선원각이 복원되고 1998년 실록각이 복원되었다.

적상산은 높이가 1,034m인데 실록각은 해발 850m에 위치하고 있다. 산세가 험한 협곡 사이에 사고를 설치하여 실록을 안전하게 보관하려했던 조상들의 지혜가 놀랍기 만하다. 또 실록을 보관하기 위해서는 온도와 습도를 고려하여 사고를 2층 누각으로 지어 1층은 바람이 잘 통하도록 벽을 만들지 않았다. 사고 건물 근처는 어느 곳이든 시원한 자연 바람이 불어 실록을 오래도록 보존하기 위해 고심한 흔적을 찾아 볼 수 있었다.

복원하여 공개하는 적상산 사고

적상산 사고는 실록의 권위를 상징하듯 기와지붕을 올린 담이 둘려져 있었다. 문으로 들어서면 오른쪽에 실록각이 왼쪽에 신원각이 있었다. 실록각은 맞배지붕에 정면 3칸과 측면 4칸의 이층 누각형 건물이었다. 신원각은 실록각과 같은 모양으로 측면이 3칸으로 되어 있어 실록각보다는 규모가 작았다.

실록각은 개방되어 있었다. 계단을 따라 올라가니 마치 박물관처럼 꾸며져 신록에 대한 설명과 복제품 실록을 전시해 놓았다. 그리고 실록의 제작부터 수호 장면 등 기록화가 그려져 있어서 실록에 대해 쉽게 이해할 수 있었다.

적상산 사고에는 문화유산해설사도 상주하여 관람객들에게 친절하게 사고 설명을 해 주었다. 해설사는 사고가 생긴 유래를 설명하면서 임진왜란 때 전주사고

적상산 사고. 오른쪽이 실록각이고 왼쪽이 신원각이다.

의 실록을 내장산으로 옮긴 이야기부터 광해군의 치적과 후금의 탄생과 명나라와의 전쟁까지 적상산 사고에 대한 이야기를 자세하게 그리고 이해하기 쉽게 설명해 주었다. 아마도 설명을 듣지 않았다면 사고의 중요성은 곧 잊어버리고 사람도 살지 않는 산 중에 한옥 두 채 정도로 기억했을지도 모를 일이었다.

적상산 사고 내부가 박물관으로 꾸며져 있다.

날이 흐리고 단풍이 많이 떨어져서 붉은 치마의 아름다운 모습은 보지 못했지만 곳곳에 울긋불긋한 등산복을 입고 산행에 나선 등산객의 모습에서 건강한 대한민국의 모습을 볼 수 있었다. 적상산 등산을 마친 관광객들 중 한 무리는 자연의 아름다움에 빠져 세상 속 먼지를 조금이나마 털어 보려는 모습이었고, 한 무리는 사고를 둘러보며 연신 고개를 끄덕이고 있었다. 적상산성은 산행으로 건강을 챙기고, 사고를 보면서 역사를 챙길 수 있는 아주 좋은 곳이라는 생각을 하면서 하산을 서둘렀다.

큰돌로 기초를 쌓은 성벽

하늘이 낳은 산, 하늘이 지킨 산성

구미 천생산성

경상북도 구미시 장천면 신장리에 있는 천생산성은 해발 407m 정상 주위 8~9부 능선을 따라 축조되었다. 비슷한 형태의 두 개의 산봉우리를 이용하여 내성과 외성을 축조했으며 내성의 길이 1.3km이며 외성은 약 1.32km정도이다. 경상북도 기념물 제 12호이다.

출처 천생산성 안내판

휴양림을 조성한 천생산

천생산을 찾아간 4월은 여기저기에서 생명의 소리가 하모니를 이루고 있었다. 보잘 것 없는 들풀의 기지개 소리, 거친 나뭇가지에서 삐져나오기 위해 애를 쓰는 새싹의 기합소리, 금방 뽑힐 것을 알면서도 봄이기에 어쩔 수없이 돋아나는 논두렁 잡초의 볼멘소리, 작은 저수지에서 출산의 고통을 이겨내는 개구리의 행복한 비명 소리, 여태 짝을 찾지 못해 이리 저리 날아다니는 작은 텃새의 목 쉰 구애 소리, 다른 꽃에 뒤질세라 꽃망울을 터트리며 아름다움을 잘난 체 하는 소리 그리고 아름다운 선율로 배경 음악을 담당하는 개울물 소리 등 모두가 어우러진 전원 교

구미시민들의 휴식처가
되는 산성 입구

향악이었다.

천생산은 휴양림이 조성되어 일에 지친 구미 시민들의 휴식처가 되는 곳이었다. 천생산 삼림욕장을 한 바퀴 돈다면 말 그대로 바다의 해수욕이 아니라 숲 속의 맑고 깨끗한 공기 속에서 에어샤워를 할 수 있는 삼림욕으로 기분이 좋아질 것 같았다.

천생산 입구에서 고려시대 사찰인 천룡사를 돌아 조금 더 올라가니 천연 절벽에 계단이 있었다. 그리 높지는 않았지만 계단을 오르는데 다리가 후들거려 계단만 보고 올랐다. 다 오른 후에 눈을 드니 낙동강과 함께 구미 시내가 보였고 서쪽으로는 금오산이, 동쪽으로는 팔공산이 시야에 들어왔다.

천생산은 전해오는 말에 의하면 하늘이 만들었다고 하는데 동서남북 사방에서 볼 때 각기 다른 모습으로 동쪽에서 보면 하늘 천(天)자처럼 보이고, 서쪽에서 보면 천혜의 절벽이 병풍을 두른 듯한 모습으로 보이고, 남쪽에서 보면 하늘을 향해 고개를 쳐든 사자의 모양을 하고 있다고 한다.

두 개의 산봉우리를 이용하여 축성하다

천생산성은 해발 407m 천생산 정상 8~9부 능선을 따라 축조되었다. 비슷한 형태의 두 개 산봉우리를 이용하여 내성과 외성을 축조했는데 내성의 길이 1.3km이며, 외성은 약 1.32km 정도로 크지 않은 석성이었다. 신라의 박혁거세가 처음 쌓았다고 전해지지만 조선시대만 3번이나 수축하였다고 하니 오랜 세월이 지나면서 그 원형은 훼손 되었으리라 추측할 수 있었다.

천생산성은 구미의 금오산성과 칠곡의 가산산성과 더불어 군사적 요충지로서 그 중요성을 인정받고 있었다. 조선왕조실록에 천생산성에 대한 기사가 여러 차례 등장하는 것으로 볼 때 전시에 꼭 필요한 곳이라는 사실도 알 수 있었다. 선조 28년(1595년) 임진왜란 당시 유성룡이 수축하였고, 홍의장군 곽재우가 이곳에서 왜군을 대파하는 전공을 세운 곳이기도 했다.

박혁거세가 쌓고 곽재우 장군이 수축했다고 전해지는 성벽

천생산을 아래에서 보면 산 정상 부근이 마치 병풍을 두른 듯 낭떠러지로 이루어져 있었다. 산 정상에 올라서니 널따란 평지가 나타났는데 그곳에서는 성곽이 눈에 띄지 않았다. 다만 천생산성을 사랑하는 사람들이 세운 작은 비석이 있어 이곳에 산성이 있다는 사실을 알 수 있었다.

그 비석에는 "하늘이 낳았다는 천생산 그 허리를 두른 성벽은 오랜 세월 외침을 막아낸 역사의 흔적. 일찍이 혁거세가 축성하고 홍의장군이 수축하였다고 전하는 천생산성 면면히 이어 온 역사의 시간을 기리며 오늘 이 비를 세운다."라고 쓰여 있었다. 또 비석 옆으로는 둥그런 모양의 천생산성 유래비가 흔들바위처럼 서있었다.

북쪽 방향으로 임도를 따라가다 보니 산비탈에 마치 무너진 축대처럼 곳곳에 성의 흔적이 보였다. 커다란 바위 위에 다듬은 성돌을 쌓아 놓은 모습에서 지형을 이용한 축성의 지혜를 엿볼 수 있었다.

축성한 모습을 사진 찍으며 관찰하고 있는데 삿갓 쓴 분이 다가오더니 천생산성을 소개해 주신다고 따라오라고 하기에 잘되었다 싶어 따라갔다.

자신은 천생산 밑에 살고 있는데 건강이 좋지 않아 이곳으로 이사와 매일 같이 천생산을 오르내리다보니 건강을 되찾았다고 삼림욕 예찬론을 펼쳐 놓았다. 그런데 걸음이 어찌나 빠른지 무척 힘들게 따라다녔다.

자세히 살펴야 찾을 수 있는 무너진 성벽

왔던 길에서 오른쪽으로 내려가니 벚꽃이 활짝 핀 나무 뒤로 천생산성이 나타났다. 아까 살핀 무너진 성벽과는 다르게 성돌이 차곡차곡 잘 쌓여져 있었는데 복

지형 지세를 활용한 천연 성벽

물이 부족한 산성에 어울리지 않은 규모가 큰 수구

원해 놓은 것 같았다.

삿갓 어르신은 숲속으로 난 오솔길을 다람쥐 달리듯 빠른 속도로 언덕을 오르락내리락 했다. 높은 곳에 이르니 정말 자연 그대로의 절벽이 길게 늘어선 마치 12폭 병풍을 펼쳐 놓은 듯하였다. 깎아지는 듯한 절벽 위로 소나무가 촘촘히 자리고 있어 멀리서 보니 자연 성벽처럼 보였다.

또 달리듯 산성 아래로 내려가니 입구가 그리 크지 않은 동굴이 나왔다. 전시에 은신처로 사용한 동굴이라 설명해주셨다.

그 옆으로 성문이 있었다. 성루도 없이 초라한 모습이었다. 성문 좌우로 커다란 바위 돌을 7단에서 8단으로 쌓아 문의 형태를 만들어 놓았다. 바위 돌에 이끼가 낀 것을 보니 복원한 것은 아닌 것 같았다. 그렇다면 저 무거운 돌을 어떻게 높고 험한 산 정상까지 운반했을까? 산성 답사할 때마다 그 놀라움은 항상 궁금증과 함께 다가왔다. 그 때마다 원시시대 때 고인돌을 만든 것을 생각하며 궁금증을 달래곤 했다. 많은 사람이 힘을 합하면 불가능이 없다는 생각은 고대나 지금이나 인간이 갖고 있는 가장 건설적인 사고방식이라는 생각이 들었다.

성문을 지나 다시 오솔길을 걸으니 수구가 있는 성벽이 나타났다. 수구는 다른 성곽에 비해 비교적 컸다. 천생산성 안내판에 보니 산성에는 물이 무척 귀했다고 하는데 수구를 저렇게 크게 만든 이유를 아무리 생각해 보아도 이해가 가지 않았다.

홍의장군과 미득암 전설

삿갓 어르신은 마지막으로 작은 구멍이 뚫린 바위를 보여주셨다. 주위에 군데군데 구멍이 있는 바위가 눈에 띄었다. 무슨 용도로 바위에 구멍을 뚫어 놓았을까?

종종 바위에 구멍을 뚫어 놓은 것을 보았지만 이렇게 깊게 뚫어 놓은 것은 처음이었다. 이것은 바위에 깃발을 꽂아두는 구멍으로 전쟁이 일어나면 병사들에게는 사기를 돋우고, 공격하는 적에게는 많은 군사가 있는 것처럼 보여 사기를 꺾기 위한 용도로 쓰였다고 한다.

미득암에 도착하였다. 이 미득암은 앙천바위라고 불렀다고 한다. 앙천이란 사자가 하늘을 보고 입을 크게 벌려 포효하는 모양을 말한다. 이 바위 때문에 한때는 천생산을 앙천산으로 부르기도 했단다.

임진왜란 때 있었던 이야기라고 한다. 홍의장군 곽재우가 천생산성에서 왜군과 대치하고 있었는데 산성 안에 물이 부족하다는 사실을 알고 왜군은 산 밑에 커다란 연못을 파 산 위의 샘물을 줄어들게 만들었다. 곽재우 장군은 자신의 백마를 이

앙천바위라고도
불린다는 미득암

산성을 자세하게 안내
해주신 삿갓어르신

바위에 세워두고 쌀을 주르르 부으면서 말을 씻는 시늉을 하자 왜군은 산 위에 말을 씻을 정도로 물이 많은 것으로 판단하여 공격을 하지 않고 물러갔다. 이 사건 때

동굴처럼 생긴 산성
내부의 은거지

문에 앙천바위를 미득함이라고 부르게 되었다고 한다.

삿갓 어르신 덕분에 천생산성 답사는 120% 임무를 달성했다. 준비해간 자료보다 더 많은 사실을 알게 되어 기분이 좋았다. 이렇게 고향을 지키며 고향에 대한 자부심으로 사는 분이 종종 계셔서 많은 도움을 받는다. 향토사학자 수준의 안내를 받은 것도 고마운데 집이 바로 아래라며 저녁이나 먹고 가라고 손을 잡아 이끄

만개한 꽃나무 사이로
보이는 천생산성 성벽

신다. 그러나 더 이상 신세지는 것은 폐를 끼치는 것 같았다. 사양을 하고 돌아서면서 보니 삿갓 어르신은 시야에서 보이지 않을 때까지 그 자리에 서 계셨다.

답사 중에 많은 사람을 만났지만 이렇게 자상하신 분은 처음이었다. 예전 명문가의 종갓집에서는 '봉제사접빈객'이라 하여 제사를 받드는 것만큼 손님을 대접하는 것도 중요시 여겼다. 그러니 많은 친절을 베푸시고도 모자라 식사까지 대접하려고 하신 것 같았다. 그 어르신의 모습에서 아름다운 자연 환경 속에 살다보니 마음마저도 자연을 담아가는 것 같은 느낌을 받아 좋은 교훈을 얻고 발걸음 가볍게 산을 내려왔다.

하단부에 커다란 돌로 기초를 다진 성벽

외침을 대비한 유비무환의 거대 산성

칠곡 가산산성

경상북도 칠곡군 가산면 가산리에 있는 가산산성은 가산의 해발 901m에서 600m에 이르는 계곡을 이용하여 쌓은 방어 성곽이다. 내성은 인조 18년(1640년), 중성은 영조 17년(1741년), 외성은 숙종 26년(1700년)에 축조하였다. 둘레는 내성 4km, 중성 460m, 외성은 3km이다. 사적 제 216호이다.

출처 가산산성 안내판

가산산성 축성으로 도호부가 된 칠곡

칠곡은 경상북도 서남부에 위치하여 낙동강이 인접해 있고, 동쪽으로는 대구와 접해 있는 영남지방 교통의 요지이다. 칠곡의 역사를 살펴보면 신라시대 때 팔거리현이 고려시대 때는 팔거현으로 부르다가 조선시대에 가산산성이 축성되면서 칠곡도호부로 승격되어 지금의 이름을 갖게 되었다. 한국전쟁 때 낙동강 방어선의 중심에서 다부동 전투를 승리로 이끈 곳으로도 많이 알려져 있다.

칠곡에 있는 가산산성은 조선시대 때 임진왜란과 병자호란을 겪은 뒤 언제 어디서 또 다시 벌어질지 모르는 전쟁을 대비하기 위해서 축성되었다. 영남지방을 방어하기 위해 구미의 금오산성과 천생산성과 축을 이루어 축성된 가산산성은 그 크기가 여느 산성보다 거대하다.

성벽의 아랫부분과 윗부분의 축성 방식이 서로 다르다.

주입구인 진남문은 평지에 설치되어 있었는데 무지개 모양의 홍예문 위에 정면 3칸 측면 2칸 건물에 팔작지붕 문루를 올려놓고 영남제일관이란 현판을 걸어 놓아 입구부터 위용을 자랑하고 있다. 성문 좌우의 성벽은 새로 복원되어 총안을 갖춘 여장이 설치되어 있다. 성벽 양쪽으로 수문에 가까운 수구가 있어서 골짜기를 이용하여 쌓은 성이라 것을 쉽게 알 수 있다. 성벽은 커다란 돌과 작은 돌을 조화롭게 쌓아 멀리서 보면 모자이크 작품처럼 보인다. 그러나 성돌에는 검버섯 한 점 없이 깨끗한 돌로 복원되어 조상의 입김을 느끼기는 어렵다.

가산산성 수문과 수로

영남제일관이란 현판을 달은 진남문

큰 전쟁을 치른 뒤 유비무환으로 쌓은 성

가산산성은 대구 팔공산의 서북쪽인 해발 901m 가산의 계곡을 이용하여 축성한 성이다. 내성, 외성, 중성의 삼중성으로 이루어져 있으며, 내성은 인조 18년(1640년)에 경상도 관찰사 이명웅이 가산의 지리적 중요성을 인식하고 성을 쌓을 것을 조정에 건의하여 축조되기 시작하였다. 또한 외성은 숙종 26년(1700년)에 관찰사 이세재가 왕명을 받아 축조하였고, 마지막으로 중성은 영조 17년(1741년)에 관찰사 장익하의 장계에 따라 왕명으로 완성되었다. 계산해보면 가산산성은 처음 짓기 시작한 때로부터 완성까지 거의 100년이나 걸린 셈이다.

성내에는 별장을 두어 방어 임무를 맡겼으며, 인근 마을인 군의, 경산, 의성 등의 군영과 군량을 이 성에 속하도록 했다. 성내에는 칠곡도호부를 두어 군사시설

비상시에 출입하던 암문이 무척 견고하게 축성되었다.

인 동시에 행정사무도 처리하였다.

내성은 길이가 대략 4km 정도이며 동, 서, 북쪽에 출입문을 설치했다. 암문도 8군데나 설치하였다. 중성은 약 460m이며 성문루와 위려각을 설치하였으나 건물은 허물어져 없어지고 터만 남아 있다.

가장 바깥쪽에 축성한 외성은 3km 정도로 남문과 3곳의 암문이 설치되어 있다. 남문이 성의 주 출입구이며, 성내에 건물은 허물어지고 터만 남아 있고, 대부분의 성벽과 암문은 군데군데 무너진 채로 형태만 확인할 수 있을 정도로 남아 있다.

동문에서 중문으로

가산산성 안에는 물이 풍부해서 많은 종류의 나무들이 제각기 새 옷으로 몸단장을 하고 있었다. 나무줄기에서 새싹이 돋아나는 것을 보니 참 신기했다. 저렇게 연약한 싹이 어떻게 말라서 단단해진 껍데기를 뚫고 나오는지 정말 자연의 신비 그 자체였다. 계곡에서 불어오는 습기를 머금은 숲 속 바람은 도시 공해로 찌든 모든 노폐물을 가슴 속에서 강제로 끌어내는 것처럼 상쾌했다.

긴 성의 윤곽이 보이기 시작했다. 성벽이 나뭇가지 사이에서 숨바꼭질하고 있었다. 자세히 살펴보지 않으면 그냥 지나칠 수 있을 정도로 꼭꼭 숨어 있었다. 가까이 다가가 보았다. 현대 건축에서도 곡선 건물을 짓는 것은 어렵다고 하는데 성벽의 꼭지점이 예각에 가까웠다. 곡선으로 쌓은 성곽은 군사시설이라기보다는 아름다운 건축물로 보였다.

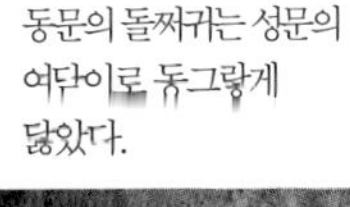
동문의 돌쩌귀는 성문의 여닫이로 둥그렇게 닳았다.

동문에 도착했다. 동문은 내성의 정문이다. 앞에서 문을 바라보니 한자의 요(凹)자 모양을 하고 있었다. 무너진 성돌

나뭇가지 사이에 숨어 있는 성벽

로 불규칙한 계단을 만들어 놓았다. 계단으로 오르는 것이 불편했는지 그 옆에 'S' 자의 길을 또 만들어 놓았다.

성문은 아담했다. 정면은 홍예문의 형식을 취하고 있으며, 성문 안으로 들어가면 긴 돌을 이어서 천장을 만든 직사각형의 모양을 하고 있었다. 그러니까 앞부분은 곡선으로 무지개 모양을 하고 있고 뒷부분은 직사각형의 직선으로 각을 잡아 축성해 놓았다. 적군이 들어오기는 어렵게 하고 성 안의 병사는 빨리 나갈 수 있게 만들어 놓은 것이 아닌가 추측해 보았다. 성문을 들어서니 문짝을 달았던 흔적이 위아래에 남아 있었다.

동문과 연결된 성벽을 따라 올라가니 암문이라고 보기에는 작고 물을 밖으로 빼는 통로인 수구보다는 큰 정확히 용도를 알 수 없는 구멍이 있다. 사람이 다닌 흔적이 있고 해서 몸을 엎드리다시피 기어서 나가 보았다. 밖에서 보니 크고 길쭉한 돌로 입구를 견고하게 쌓아 놓았다. 긴급한 상황이 벌어졌을 때 성 밖과 연락을 취하기 위한 작은 암문처럼 보였다. 가산산성의 길이가 대략 11km나 되니 문 몇 개로만으로는 원활한 소통이 이루어지기 힘들어 이런 구조물을 만들어 놓았을 것이라는 생각이 들었다.

내성을 보호하기 위하여 축성한 중문

동문에서 중문으로 가는 길은 울창한 나무 사이로 나 있었다. 산 아래 진남문 쪽에는 벚꽃이 피었으나 산 위에는 아직도 찬바람에 옷을 벗고 있는 나무가 태반이었다. 그러나 다양한 종류의 나무가 정렬이나 정돈이란 단어를 모르는 듯 불규칙하게 여기저기에서 강한 생명력을 뽐내며 자리를 지키고 있었다.

양팔을 벌리고 출입을 막고 있는 모습, 반쯤 꺾어져 편히 누워 있는 모습, 온 몸

촘촘하게 복원한 성벽에서 가산산성의 견고함을 느낄 수 있다.

을 이끼로 싸매고도 추위에 덜덜 떨고 있는 모습. 다른 나무는 왕따 시키고 자기네끼리만 옹기종기 모여 있는 모습, 미스 코리아 선발 대회 규정 포즈를 취하고 있는 모습들, 나무마다 각기 다른 모습을 보면서 걸으니 어느새 중문에 도착했다.

중문은 내성의 중앙 부분을 가로 막아 내성의 반을 보호하기 위하여 축성하였다. 1741년에 만들어졌지만 1954년 대홍수로 유실된 것을 1992년에 보수하였다. 입구의 모양은 홍예문 형태인데 잘 다듬은 돌 11개로 쌓아 올렸다. 10개의 돌들이 대칭을 이루도록 아랫부분은 큼직막한 돌로 기초를 다지고 올라갈수록 작은 돌로 쌓았다. 나머지 한 개 가운데 돌은 둥근 원형으로 쌓은 돌이 안쪽으로 무너지지 않고 버틸 수 있도록 사다리꼴 모양을 하여 무지개 모양을 완성하였다. 옛날에 시멘트도 없이 역학을 이용하여 축성한 선조들의 지혜에 고개가 숙여졌다.

마지막으로 가산바위로 향했다. 가산바위는 산성의 서북쪽에 위치한 거대한 바

해원정사에 있는 금강역사는 가산산성을 수호하는 것처럼 보인다.

위인데 윗부분이 10평 남짓 깎아 놓은 듯 평평한 바위이다. 등산객들은 이곳에 가져온 음식을 펼쳐 놓고 요기를 하고 있었다. 어떤 분이 가져 오셨는지 컵라면 냄새가 코를 자극했다, 갑자기 침샘이 요동을 쳤다. 그리고 굵은 침이 목으로 넘어갔다. 가져온 초콜릿의 단맛은 이미 사라지고 없었다. 라면 냄새를 피운 사람이 미워졌다. 가장 좋은 방법은 자리를 빨리 뜨는 것이다.

생명의 연두빛이 가득 찬 하산길

가산의 높이가 만만치 않아 발품을 많이 팔아야겠다는 예상과 달리 오랜 시간 산행은 했지만 주위 풍경을 보는 맛에 힘들다는 생각은 전혀 들지 않았다. 내려오는 길은 오를 때와 또 다른 느낌이었다. 오를 때는 새벽에 가까운 아침이었지만 내려갈 때는 해가 중천에 있어 오를 때 보다 새로 피어나는 잎사귀의 색이 더욱 더 생명의 빛으로 용솟음치고 있었다. 이런 풍경을 자연이라고 말하기는 그 어감이 부족한 것 같고, 태초라는 단어가 맞을 정도로 인간의 손때가 묻지 않았다. 생명이 가득 찬 연두빛이 햇빛을 받아 스펙트럼처럼 산란하는 모습에서 아름다운 화음의 노래 소리가 들리는 것 같다. 환청이라도 좋으니 자연의 하모니를 한 번 듣고 싶었다.

알록달록한 옷을 입고 산악자전거를 탄 한 무리가 앞으로 지나간다. 엉덩이를 힘차게 치켜 올리고 페달을 밟는 모습에서 봄의 생동감이 느껴졌다. 나도 모르게 내려가는 발걸음이 빠른 스텝을 밟고 있었다.

가산산성 답사길은 생존의 급박함과 패전의 애처로움이 남긴 전쟁의 역사 현장을 찾아 가는 길이 아니라 자연 속에 살아 숨 쉬는 삼라만상과 대화를 나눈 길이 된 것 같았다. 아름다운 풍경을 지닌 이 산속에 군사시설이 있다는 것을 아쉬워하며 발길을 재촉했다.

황석산성 남문지

왜군과 싸우다 모두 산화한 충절의 산성

함양 황석산성

경상남도 함양군 안의면과 서하면에 있는 황석산성은 해발 1,190m의 황석산 정상에서 좌우로 뻗은 능선을 따라 계곡을 감싸듯 쌓은 둘레 2,750m의 포곡식 산성이다. 산성의 구조로 보아 가야를 멸망시킨 신라가 백제와 대결하기 위해 쌓았던 것으로 추정하고 있다. 사적 제 322호이다.

출처 황석산성 안내판

조상의 충절이 숨 쉬는 유적지

함양의 황식산성을 찾아가면서 줄곧 머릿속을 떠나지 않는 단어가 있었다. 그것은 우국충절이었다. 지금 충절이란 단어를 입에 올린다면 고리타분한 사람으로 인식될 것이다. 개인주의가 팽배한 요즈음 내가 아닌 남을 위해 하나 밖에 없는 목숨을 내 놓으라면 과연 헌신하는 사람이 몇 명이나 될까?

그러나 선조들은 반만년 동안의 크고 작은 외침 속에서 분명 나보다 남을 위해 아니 나라를 위해 초개와 같이 목숨을 버렸다. 아시아 동쪽 끝에 있는 작은 나라의

성벽 너머로 보이는 안의면

명맥이 끊어질 듯 끊어질 듯 은근과 끈기로 이어온 것도 바로 자기 목숨 보다 나라를 더 사랑했던 선조들의 충절이 있었기 때문이다. 지금 눈부신 경제 발전으로 잘 사는 나라를 만든 것도 바로 조상들의 얼이 초석이 되었기에 가능했으리라는 생각이 든다. 그러나 우리는 잘 되면 내 탓이요, 잘못 되면 조상 탓이라고 하면서 너무 쉽게 선조들의 우국충절을 잊어버리고 있다. 그래서 애국심의 결정체라 할 수 있는 황석산성이 잊혀져 가는 것이 안타깝기만 하다.

정유재란의 혈전지

황석산성은 해발 1,190m의 황석산 정상에서 좌우로 뻗은 능선을 따라 쌓은 포곡식 산성이다. 성의 둘레는 2,750m, 높이는 3m로 성벽의 구조로 보아서는 삼국시대 때 신라가 가야를 복속시키고 백제와 대결하게 된 6세기 후반경 축성된 것으로 추측된다. 그 후 고려시대를 거쳐 조선 태종 10년(1410년) 수축되면서 경상도에서 큰 성으로 전략상의 요충지로 중시되었다. 성은 돌로 쌓은 부분과 흙으로 쌓은 부분이 있으며, 문은 동·서·남·동북쪽 등 네 군데가 있었다. 성 안에는 크고 작은 건물들이 있었다고 한다.

선조 25년(1592년)에 왜적의 침공으로 시작된 임진왜란이 명나라의 참전으로 소강상태에 빠지면서 화친교섭이 시작되었으나 서로의 명분만 주장하다 회담이 깨져버렸다. 정유년 왜군은 다시 15만 대군으로 재차 침략을 하였다. 이순신 장군이 없는 조선 수군을 칠천량 해전에서 물리친 왜군은 가토 기요마사가 지휘하는 우군과 고니시 유키나가가 지휘하는 좌군으로 나누어 전라도로 진격하였다. 황석산성은 왜군의 진격로 상에서 그들의 전진을 막아야 하는 위치에 있었다. 체찰사 이원익은 이 성이 호남과 영남을 잇는 요새이므로 왜군이 반드시 노릴 것으로 판단하여 인근의 주민들을 동원하여 지키도록 하였다.

나라를 위해 목숨을 바친 충절의 가문

안음현감 곽준은 군사를 모아 황석산성으로 들어갔다. 무장 출신인 김해부사는 왜적이 공격하기 힘든 비교적 안전한 곳은 자신이 지키고, 곽준에게는 왜군이 쳐들어올 가능성이 가장 높은 남문을 지키도록 하였다. 전쟁이 시작되자 왜적은 세 군데로 병사를 나누어 성을 공격하였다. 조총을 쏘며 많은 수의 왜적들이 곽준이 지키고 있는 남쪽으로 몰려들었다. 곽준은 침착하게 활을 쏘아 왜적의 장수를 쓰러뜨렸다. 장수가 죽자 왜적은 주춤했다. 그러나 많은 군사에 놀란 김해부사가 가족들을 데리고 북문으로 도망가면서 문을 열어 놓았다.

왜적은 열린 북문으로 몰려들었다. 성이라는 방어벽이 있을 때는 왜적이 쉽게

자연 암벽을 이용한 성벽

다가오지 못했으나 문이 열려 성 안으로 몰려드는 왜군은 마치 성난 파도와 같았다

곽준을 비롯한 장수들과 백성들이 활을 쏘고 돌을 던지며 왜적과 싸웠다. 워낙 많은 수의 왜적이라 도저히 적을 막아낼 수가 없었다. 결국 곽준은 온 몸이 피투성이가 되어 장렬하게 최후를 마쳤다. 이 때 곽준의 아들인 이상과 이후도 아버지를 따라 싸우다 전사하고 말았다. 큰아들 이상의 부인 신씨는 남편의 전사 소식을 듣자 스스로 목숨을 끊었으며, 출가한 딸도 남편과 함께 순절하였다.

조정은 나라를 위해 목숨을 바친 이들의 공을 가벼이 보지 않았다. 아버지 곽준은 충신으로, 아들 둘은 효자로, 며느리와 딸은 열녀로 봉하였다. 한 가문의 우국충정은 역사에 길이 남아 지금 현풍땅에 가면 이들의 정려가 있고, 충렬공으로 봉해진 곽준의 위패는 대구 비슬산 기슭에 자리한 예원서원에 곽재우 장군과 함께 봉안되어 있다.

여인들의 한이 남아 있는 피바위 전설

황석산성에는 또 하나의 가슴 아픈 이야기가 전해져 내려오고 있는데 바로 피바위 전설이다.

산성을 방어하는 군사들의 식사를 맡아 일하던 한 여인이 있었다. 이 여인의 남편은 임진왜란 때 의병으로 나라를 지키다 전사하였다. 슬픔에 잠긴 여인은 왜적과 싸워 남편의 원수를 갚으려 했으나 여인의 몸으로는 쉽지 않은 일이었다. 아들을 잃은 시부모님을 극진히 봉양하고 있다가 왜적이 재침하자 남편의 원수를 갚기 위하여 죽음을 각오하고 자진해서 황석산성에 군사들과 함께 들어왔다. 왜적이 성내로 들어오자 성안에서는 살육전이 벌어졌다. 이 여인은 부엌칼로 왜적의 가슴 한 복판을 있는 힘을 다해 찔렀다. 여자라고 방심했던 왜적은 그 자리에 쓰러지고 말았다. 그 모습을 본 또 다른 왜적들은 칼을 빼들고 달려들었다. 다른 부녀자들과 함께 돌을 던지고 죽창으로 맞섰으나 잔인한 왜적을 당해낼 수가 없었다.

사로잡혀 왜적에게 수치를 당할 바에는 차라리 목숨을 끊으리라고 생각한 여인

성을 지키던 여인들이
몸을 던진 피바위

은 벼랑을 향하여 몸을 던져 순절하고 말았다. 이를 지켜본 다른 부녀자들도 이 여인을 따라 목숨을 끊고 말았다. 500년 가까이 지난 오늘 날에도 여인들의 한이 남아 있는지 벼랑 아래로 붉은 핏자국이 남아 있다고 한다.

황석산성 전투는 비록 패전으로 인하여 성은 함락되고 군사들과 백성들은 모두 순절했지만 산성에서 피어나는 애국 충절의 아름다운 이야기들은 길이길이 남아 나라사랑의 거울이 되고 있다.

충절의 의미를 되새기며 걷는 길

화림동 계곡 우전마을에서 시작된 산행은 처음엔 완만한 임도라 그리 힘들지 않았다. 산에 오르는 길 양쪽에 논이었던 곳으로 보이는 땅에 잡초만 자라고 있어 안타까운 생각이 들었다. 농촌에 젊은 사람이 없으니 나이 많은 어르신들이 경작하기에는 힘이 드는 땅이었다. 요즈음 농사를 지어도 손에 쥐는 것이 많지 않으니 힘든 농사를 뒤로 하고 한 가구 두 가구 농촌을 떠났으리라.

더운 날씨에 땀이 비 오듯 쏟아지면서 털썩 주저앉고 싶을 때쯤 오른쪽으로 거대한 바위로 된 낭떠러지가 보였다. 위쪽을 바라보니 하늘의 밝은 빛이 눈으로 들어오면서 순간적으로 현기증이 일어날 정도로 높았다. 낭떠러지 옆에 피바위라는 안내판이 있었다. 이곳에서 정유재란 때 많은 아낙네들이 스스로 목숨을 끊은 장소라고 한다. 안타까운 마음에 잠시 고개 숙여 묵념을 했다.

조금 더 오르니 성벽과 함께 서문이 보였다. 복원한 것으로 보이는 성문 위에 올라서니 육십령 고개가 눈에 들어 왔다. 저 고개를 넘으면 전주가 나온다. 왜군이 황

비교적 좁게 만들어진
동북문지

석산성을 공격한 이유를 한 눈에 확인할 수 있었다.

황석산 정상에 올랐다. 황석산성은 남쪽 봉우리에서 정상까지 지형에 맞게 굴곡을 이루며 축성되어 있었다. 성벽은 정상에서 잠시 끊겼다가 북쪽 봉우리로 뱀이 기어가듯 구불구불 이어져 있었다. 정상으로 오르는 길 옆에 두 사람이 어깨를 포개고 지나갈 정도 넓이의 좁은 동북문지가 문루도 없이 반대편 유동마을 쪽에서 올라오는 등산객에게 정상을 알리는 표지판처럼 서 있었다.

황석산성은 1,000m가 넘는 높은 산에 축성한 석성으로 돌을 운반하기 어려워서인지 성돌은 그리 크지 않았다. 마치 온돌 구들장만 한 크기의 돌들을 벽돌처럼 쌓아 놓았다. 정상에서 남쪽 봉우리 방향에 쌓은 산성은 성돌을 안팎으로 쌓은 협축식 산성인데 안쪽에는 계단처럼 2단으로 쌓은 부분도 있었다. 성에서는 멀리 안

자연을 이용하여
구불구불한 성벽

의마을이 보이고 거망산과 기백산도 보였다.

백두대간 줄기 고깔 모양의 황석산

황석산은 남덕유산 남녘에 솟은 함양군의 명산이다. 백두대간 줄기에서 뻗어 내린 기백산, 금원산, 거망산, 황석산으로 이어지며 이 산줄기는 멀리 덕유산에서도 선명하게 보인다. 가을이면 암릉 사이로 억새가 바람에 평화롭게 휘날리는 모습을 보기 위해 많은 등산객들이 찾아온다. 3시간 정도 산행이면 정상에 도착할 수 있으며 산행 중간 중간에 시원한 풍광을 조망할 수 있어서 그리 힘들이지 않고 정상에 오를 수 있다. 아름다운 자연을 찾는 많은 관광객들이 황석산에 올라 산의 겉모습만 보지 말고 세월이 흘렀어도 잊혀지지 않고 전해져 내려오는 황석산성에서 산화한 선조의 얼을 가슴에 담고 산행을 하면 얼마나 좋을까라고 생각하며 산을 내려왔다.

풀밭에 줄을 쳐 놓은 듯한 성벽

홍의장군 곽재우가 활약한 산성

창녕 화왕산성

경상남도 창녕군 창녕읍 옥천동에 있는 화왕산성은 해발 739m 화왕산 정상부의 험준한 암벽을 이용해 골짜기를 둘러싼 포곡식 산성이다. 산성의 둘레는 1.8km로 성안에서 가야와 신라의 토기편과 고려와 조선의 자기편이 출토되어 가야시대부터 조선시대까지 장기간에 걸쳐 이용한 것으로 추정한다. 사적 제 64호이다.

출처 화왕산성 안내판

창녕은 문화재의 보고

창녕은 주변에 산재해 있는 고인돌로 보아 선사시대 때부터 우리 민족이 살았던 것으로 추정된다. 가야시대 때는 불사국 또는 비화가야로 존립하였는데 이 때 지명은 비사벌이었다. 그 후 오랜 시간 여러 왕조가 흥하고 망하다 보니 이곳에는 다양한 문화재가 산재해 있어서 노천박물관이라고 부른다.

우리가 꼭 찾아 봐야 할 문화재를 꼽으라면 신라 진흥왕 순수비를 들 수 있다. 이 비석은 신라가 창녕을 점령한 후 내외 고관들을 모아 놓은 자리에서 이 지역을 다스릴 내용을 담고 있고, 이에 관련된 사람의 이름을 적어 놓아 따로 척경비라고도

전체적으로 조망되는
성문과 성벽

부른다. 천오백년 전에 세운 비석이니 그 자체가 타임캡슐과 같은 존재이다. 또 얼음을 저장했던 창녕 석빙고도 있고, 영산면에 있는 만년교는 무지개다리로 볼만하다. 생태계의 보고이며 국내 최대의 자연 늪인 우포늪도 있으니 창녕은 다양한 문화재의 보물창고인 셈이다.

자연 지형을 이용해 골짜기를 둘러싼 포곡식 산성

화왕산성은 해발 757m인 화왕산 정상의 험준한 자연 지형을 이용해 골짜기를 둘러싼 포곡식 산성이다. 현재 남아 있는 산성의 둘레는 약 1.8km로 동쪽은 대부분 돌로 쌓았으며 서쪽 성벽은 흙과 돌을 섞어 쌓았다. 성벽의 높이는 주로 4m이며 폭은 3~4m 정도이다. 창녕 쪽에서 올라오는 서문은 흔적을 찾기 어려우나 동문은 좌우의 석벽이 잘 남아 있다. 동문은 다른 성벽과는 달리 가로 1m, 세로 1.6m 정도 되는 커다란 돌로 아랫부분을 쌓아 무척 견고하다.

산성 정상에서 보면 남쪽으로 영산 방면과 낙동강이 한 눈에 들어오고, 북쪽으로는 현풍 방면이 보인다. 멀리까지 조망할 수 있는 화왕산성은 이 지역에서 군사적으로 매우 중요한 요충지라는 사실을 알 수 있게 한다.

화왕산성에는 가야와 신라의 토기 조각들과 고려와 조선 시대의 자기 조각들이 발견되고 있다고 한다. 가야 시대 때 산성을 처음 쌓았다가 그 중요성을 잃고 폐성이 되었다가 임진왜란 때 홍의장군 곽재우가 의병 근거지로 삼아 왜병의 진출을 막은 곳으로 다시 성의 중요성이 인식되어 임진왜란 이후에도 한두 차례 수리를 하여 지금의 모습을 하고 있다.

곽재우 장군의 승전보

1597년 정유재란 때의 일이다. 울산 등지의 바닷가에 오랫동안 주둔하고 있던 가토 기요마사가 왜군 5만 명을 이끌고 함양군 안의면을 거쳐 전라북도 전주로 향하면서 곳곳에서 백성들을 괴롭혔다.

그 때 홍의장군 곽재우가 밀양 등지의 군사를 거느리고 화왕산성으로 들어가 왜군이 이 지역을 지나가길 기다렸다. 가토 기요마사가 지휘하는 왜군들이 산성 아래에서 공격 준비를 하였다. 이 모습을 본 군사들과 백성들은 겁을 먹고 사기가 저하되어 이곳저곳에서 웅성거리며 동요했다.

곽재우 장군은 군사들 앞에서 "왜장도 병법을 알기 때문에 화왕산성이 견고해서 쉽게 공격하지 못할 것이다."라고 큰소리로 외쳤다. 그리고는 태연한 모습을 보이며 군사들과 백성들을 안심시켰다. 과연 7일 후 가토 기요마사의 군대는 싸움만 걸다 화왕산성을 함락시킬 엄두가 나지 않아 퇴각하고 말았다. 이 때 퇴각하는 왜군의 뒤를 쫓아가 많은 전과를 올렸다.

조선왕조실록 선조 37년에 비변사가 '곽재우는 일개 서생으로서 국가가 변란을

왜군이 공격했으나
포기하고 퇴각한 성벽

당하였을 때 죽기로 맹세하고 힘을 다하였는데 임진년 이후 정진을 지켰고 정유 왜란 때에도 화왕산성을 지켰으므로, 남쪽 사람들이 모두 곽재우를 장수들 중에 으뜸이라 합니다.'라고 보고하는 내용은 나오지만 자세한 전투상황은 나오지 않는다. 그러나 곽재우장군에 대한 전설은 백성들의 입에서 입으로 전해져 내려오고 있다.

적군과 싸울 때는 항상 붉은 옷을 입어서 홍의장군이라 불린 곽재우 장군은 왜군이 화왕산성을 공격해 올 때 성벽 위에 새끼줄을 치고 삼베를 걸어 놓은 뒤 군사들을 배치해 마치 병사들이 숨어 있는 것처럼 위장하였다. 왜군은 그 곳에 복병이 있는 줄 알고 방어가 허술한 곳을 찾았다. 병력을 그 곳으로 진격했는데 이상한 궤짝이 널려 있었다. 왜군이 궤짝을 뜯으니 궤짝에서 벌떼가 쏟아져 나와 왜군은 벌떼를 피해 달아났다.

다음날 다시 공격에 나선 왜군들은 산성을 포위하고 총공격을 하였다. 이 때 곽

멀리서 보면 더욱 웅장한 산성 성벽

동문은 직각으로 꺾어져 있어 성문을 통과하기가 쉽지 않다.

재우 장군은 밀려드는 왜군을 향해 또 이상한 궤짝을 던졌다. 전날 벌떼에 놀란 왜군들은 궤짝에 불을 질렀다. 이 번 궤짝에는 벌떼가 아닌 폭약이 들어 있어 요란한 소리를 내며 폭발하였다.

이 때 곽재우 장군과 똑 같은 붉은 옷을 입은 여러 명의 장수들이 한꺼번에 나타났다. 왜군들은 여러 명의 붉은 옷을 입은 장군을 보고 곽재우 장군은 사람이 아니라 귀신이라고 생각하고 겁을 먹고 도망갔다고 한다. 장군의 기지로 왜군을 물리쳤다는 이 전설은 후대 사람들이 허구를 가미하여 이야기를 만든 것 같은 느낌도 들지만 임진왜란 때 곽재우 장군의 업적을 보면 없는 사건을 모두 꾸며낸 이야기로 단정 지을 수만은 없는 것 같다.

배바위는 화왕산의 상징으로 험준한 산임을 보여준다.

창녕 조씨 탄생설화

화왕산성에는 또 다른 전설이 전해져 내려오고 있다. 산성 안에 연못이 하나 있는데 창녕 조씨 시조 조계룡의 탄생 이야기다.

때는 신라시대, 한림 벼슬을 하던 이광옥이라는 선비에게 예향이라는 딸이 있었다. 예향이가 갑자기 배가 아파 의원이 약을 지어줬는데도 잘 낫지 않았다. 그 때 어떤 사람이 찾아와서 화왕산 정상에 연못이 영험하니 거기서 목욕재계하고 기도하면 병이 나을 것이라고 알려 주었다. 그 말대로 목욕을 하고 기도를 올리자 갑자기 구름과 안개가 앞을 가리더니 예향이 사라지고 말았다. 얼마 지나자 안개가 걷히며 연못 속에서 예향이 솟아올랐다. 예향은 배가 아픈 병이 말끔히 나았다. 그러나 예향의 몸에 이상이 생겼는데 아기를 수태를 한 것이었다. 날이 차서 아기를 낳아 보니 겨드랑이에 '조'라는 글자가 있었다. 어느 날 한 사나이가 찾아와서 아이의

화왕산에서 바라본
대구 방면

아버지라고 말하면서 자신은 용의 아들이라고 소개했다. 이런 괴이한 이야기를 예향의 아버지 이광옥이 임금에게 알렸다. 임금은 상서로운 일로 생각하고 예향의 아들에게 '조'씨 성을 하사하였다. 조계룡이라 이름 지은 아들은 자라서 신라 진평왕의 사위가 되었다는 이야기이다. 화왕산성에는 전설을 증명이나 하듯 조계룡을 잉태했다는 연못이 창녕조씨득성비와 함께 동문 근처에 있다.

창녕의 영봉 화왕산

산성 답사는 여간해서는 여름에 하지 않는다. 날씨도 덥지만 뱀과 벌 그리고 온갖 해충들이 답사를 방해하고, 성 주변의 넝쿨식물들이 성곽을 가리기 때문에 답사하기가 어렵다. 그래서 산성 답사는 주로 초봄이나 늦가을에 많이 한다. 그러나 이번 화왕산성 답사는 여름에 가게 되어 덥지 않은 새벽 5시에 관룡사에서 화왕산에 이르는 임도를 따라 화왕산성을 찾아 나섰다.

창녕의 영봉인 화왕산은 '불뫼'라고 불렸다. 정상에 올라보니 5만 여 평의 넓은 벌판이 초록의 억새 줄기에 이슬을 머금고 햇빛에 반사되어 진주처럼 영롱하게 빛나고 있었다. 고개를 돌려 오른쪽을 바라보니 대구 비슬산이 손에 잡힐 듯 보였다. 비슬산 주변에는 운해가 얇게 드리워져 하늘의 푸른색과 신록의 짙은 녹색이 대비를 이루며 아름다운 풍경을 만들어내고 있었다. 움푹 파져 넓은 평지를 이룬 산 정상은 마치 한라산 백록담처럼 화산 폭발로 인하여 분화구가 생긴 것 같았다. 화왕산성은 이 넓은 분지 아래쪽으로 실타래를 풀어 놓은 듯 길게 축성되어 있었다.

이곳에 불기운이 살아야 풍년이 든다고 하여 정월 대보름날 억새를 태우는 행사가 있었다. 그러나 몇 년 전 행사 중에 예상치 못한 바람으로 불이 사람이 모여 있는 곳으로 옮겨 붙어 많은 인명 사고가 나서 더 이상 화왕산 억새 태우는 장관은 볼 수 없게 되었다고 한다.

지금은 푸른 억새가 바람에 물결을 이루고 있지만 가을이 되면 하얀 옷으로 갈아입고 관광객들을 유혹할 것이다. 답사를 마치고 산 정상의 거대한 평지에 넓게 펼쳐질 억새밭을 상상하며 서문 방향으로 하산했다.

허물어져 등산로가 된 위봉산성 성벽길

태조 이성계 어진과 시조 위패의 피난지

완주 위봉산성

전북 완주군 소양면 대흥리에 있는 위봉산성은 숙종 원년(1675년)에 쌓은 석성으로 둘레가 16km에 이르는 대단한 규모이다. 유사시에 전주 경기전과 조경묘에 있는 태조의 초상화와 그의 조상을 상징하는 나무패를 피난시키려 이 성을 쌓았다. 사적 제 471호이다.

출처 위봉산성 안내판

위봉산성 가는 길

전주를 둘러싸고 있는 완주는 낮고 평평한 지역과 더불어 가파른 경사를 이룬 높은 산들이 많은 지형이다. 그래서 전쟁이 일어나면 평지의 백성들을 보호하기 위해서 산성을 많이 쌓았다. 위봉산성도 이런 목적으로 축성된 산성중의 하나이다.

위봉산성을 찾아가는 길은 전주에서 넘어 오는 길과 고산면 방향에서 대아저수지를 지나 동상저수지 못 미쳐 음수교를 건너오는 길이 있다. 전주에서 들어오면서 송광사를 둘러보고 오는 길도 좋지만 자동차도 오르기 힘든 정도로 꼬불꼬불 경

복원된 성벽의
위풍당당한 모습

사진 고갯길을 통해서 오는 고산방향 길을 권장하고 싶다.

완주산업단지를 지나 고산천을 따라 가다보면 점점 지대가 높아지면서 도로도 같이 높아진다. 도로를 따라 천천히 가다보면 귀가 멍멍해지면서 고갯마루에 도착한다. 이곳에 있는 전망대에 오르면 산 속에 거대한 호수가 나타나는데 이 호수가 바로 대아저수지이다.

대아저수지에서 사방을 둘러보면 물빛과 산빛과 하늘빛이 어우러져 아름다운 풍경을 만든다. 왼쪽으로 마치 고깔처럼 생긴 운암산의 바위들은 천상의 조각가들이 만들어 놓은 석조 예술품처럼 보인다. 아래를 내려다보면 발바닥이 간질거릴 정도로 아찔함을 느낄 수 있는데 넓게 펼쳐져 있는 거대한 호수는 가슴이 펑 뚫리는 기분을 맛볼 수 있게 만든다.

대아저수지 둘레를 따라 만들어진 길은 긴장하면서 운진을 해야 한다. 오르락 내리락 경사도 있지만 거의 180도 꺾어야 하는 굴곡도 만만치 않다. 산과 호수가 어우려진 길은 운전하는 사람에게는 지옥일지 몰라도 구경하는 사람에게는 천국이다.

긴장으로 생긴 등의 땀이 식을 때쯤 오른쪽으로 음수교가 보인다. 이곳을 지날 때는 차창을 모두 내려야 한다. 왜냐하면 도시에서는 맡을 수 없는 알맞은 습기가 녹아있는 나무 향기를 맡을 수 있기 때문이다. 이 공기를 가슴 깊숙이 들이마셔 보면 '상쾌하다'라는 단어의 참 의미를 몸으로 느낄 수 있다.

지금까지도 조금씩 고도를 높여 왔는데 도로의 경사도가 조금씩 더 높아지면서 시원한 물줄기가 3단으로 쏟아져 내려오는 위봉폭포가 보이고, 천년 고찰 위봉사 입구도 보인다. 이곳을 지나 조금 더 올라가면 고갯마루가 나오는데 그 고

정성스럽게 다듬어 놓은 돌쩌귀를 보니 산성의 위용을 짐작할 수 있다.

개 정상에 위봉산성이 있다.

조선 왕조의 권위를 보호할 목적으로 축성

위봉산성은 사적 471호로 조선 숙종 원년인 1675년에 쌓은 성곽으로 둘레가 약 16km에 이르는 매우 큰 성이었다. 유사시 전주 경기전에 있는 태조 이성계의 어진과 조경묘에 있는 전주 이씨 시조 이한공의 부부 위패를 피난시키려고 이 산성을 쌓았다고 한다. 그러니까 백성 보호와 더불어 왕족의 권위를 보호하는 또 다른 목적을 가지고 축성되었다.

실제로 동학농민운동 때 태조의 어진과 시조의 위패가 위봉산성으로 피난을 왔었다. 경기전에 있는 전주사고에 가면 동학농민운동 당시에 어진과 위패가 이곳으로 옮겨지는 모습을 상상화로 그린 그림을 볼 수 있다.

어진은 왕의 초상화를 말하는데 이미 삼국시대부터 고려시대를 거쳐 조선시대에 이르기까지 제작되어 왔다. 어진을 그릴 때에는 나라의 최고 화가 한 명 또는 여러 명이 합동으로 그렸다. 그러다 보니 왕의 모습은 수염이나 머리카락 한 올까지 사실대로 그렸다고 한다.

이름을 남긴 사람들도 역사 속으로 사라지고 영세불망비도 쓰러져 간다.

특히 조선시대 때에는 어진을 많이 그렸는데 임진왜란 당시 궁궐이 불타면서 거의 소실되었다. 현존하는 어진은 태조, 영조, 연잉군, 철종, 고종, 순종 그리고 익종까지 일곱 분의 어진만 남아 있다. 조선의 왕 중에 선조는 어진을 그리기 싫어하였고, 정조는 즉위년, 즉위 5년, 즉위 15년 등 행사 때마다 그렸다고 하는데 현재 남아 있지는 않다고 한다.

작고 초라한 모습으로 변한 위봉산성

축성 당시의 위봉산성은 상당히 큰 성이었지만 지금은 작고 초라한 모습으로 바뀌어 있었다. 산성 안에 어진과 위패를 모셔 두는 행궁이 있었다고 하나 흔적을 찾을 수 없었다. 성문도 동, 서, 북쪽에 각 하나씩 축성했지만 전주로 통하는 서문만 남아 있었다. 서문에는 문루가 없었다. 옛날에는 정면 3칸의 문루가 있었다는데 세월을 이기지 못하고 무너져 없어졌고 성문 위에는 잡초만 자라고 있었다. 성문 방어시설인 옹성도 그리 견고해 보이지 않았고 윗부분은 시멘트로 볼품 모습을 가리고 있었다. 성문 옆에는 이곳을 다스린 관리의 영세불망비 몇 개가 늘어서 있지만 깨지고 기울어져 자신의 이름을 남기려는 인간의 욕망이 얼마나 부질없는지를 보여주고 있었다.

성문에서 남쪽으로 뻗은 복원한 성벽은 약 200m쯤 되는데 조선 후기에 쌓은 산성이라 성벽에는 여장과 총안이 설치되어 있었다. 그러나 도로 개설로 성문과 끊어져 버려 성벽의 위엄이 사라져 아쉬운 마음이 들었다.

서문에서 북쪽으로 연결된 성벽은 태조암 쪽으로 나 있었다. 등산객들이 서문에서 시작하여 태조암을 거쳐 되실봉으로 오르는 임도를 등산로로 이용하기 때문에 성벽을 따라 올라가는 길은 사람들이 다니지 않아 오르기가 매우 위험했다. 서기다가 성벽은 허물어지고 이곳저곳에 성돌이 널브러져 있어 성벽길을 따라 올라가는 것은 모험심이 필요했다. 다행히 초봄이라 낙엽이 길을 만들어주어 조심조심 올라갈 수 있었다.

복원이 끝난 부분에서부터는 성벽의 형태를 알아볼 수 없을 정도였다. 성벽도 성돌을 다듬어 정교하게 쌓은 것이 아니

옹성은 시멘트로 옹색하게 보수되었다.

위봉산성 성벽

라 돌의 모양대로 쌓아 올려 쉽게 무너진 것으로 생각이 된다. 성벽은 임도에 의해 끊겼다가 되실봉으로 가는 길로 다시 허물어진 채로 이어지고 있었다.

온전한 성벽 찾기가 힘들 것 같아 임도를 따라 서문지로 내려왔다. 잘 만들어 놓은 임도는 완주 둘레길로 건강을 위해서 산책하기에는 경사도와 거리가 알맞았다. 주위에 소나무가 많아 삼림욕도 가능하여 내려오는 길에 의도적으로 숨을 크게 크게 쉬면서 허파의 찌든 때를 모두 날려 보냈다.

더 둘러보아야할 문화재

위봉산성 답사를 마치고 위봉사로 향했다. 들어가는 입구는 좁았지만 주차장은 매우 넓었다. 위봉사 일주문은 아주 크고 화려했다. 일주문의 편액에는 추줄산 위봉사라고 쓰여 있는데 화려하게 금박을 입혔다. 봉서루를 지나 보광명전을 바라보니 법당 앞이 매우 넓고 깨끗했다. 조용한 분위기가 참선하는 스님의 뒷모습처럼 느껴졌다.

위봉사는 백제 무왕 5년인 604년에 서암대사가 창건하였다고 전해져 온다. 신라 말에는 최용각이라는 사람이 봉황새의 자취를 보고 찾아왔다가 사찰을 중창하고 위봉사라고 불렀다고 전한다. 그 후 고려 말 나옹스님이 다시 중건을 하였고 일제 강점기에는 오십여 개의 말사를 관할하는 큰 절이었는데 한국전쟁 이후 급속히 퇴락하였다가 현재에 이르러 10여 동의 건물을 지닌 사찰로 남아 있었다.

대개 산성이 있는 곳에는 사찰이 있다. 평시에는 사찰의 승려들이 산성을 유지 보수하고 유사시에는 승병으로 전쟁에 임했기 때문이다. 승려들은 조선 시대 때는 억불숭유정책으로 고려시대에 비해 대접을 받지 못하였으나 임진왜란 당시에는

조용한 절집 위봉사

왜적으로부터 나라를 구하는데 큰 몫을 담당했다.

위봉산성 답사를 마치며 돌아오는 길에 산성의 축성 목적에 대해 생각해 보았다. 옛날에는 왕은 나라 그 자체였고, 왕의 초상화는 곧 나라의 상징인 동시에 숭배의 대상이었다. 왕이 잘못되면 나라도 망한다고 믿었던 민초들이 왕의 초상화를 위해 위봉산성을 쌓으면서 무수한 피와 땀을 흘렸다고 생각하니 가슴 한구석이 시려왔다.

미로처럼 복잡한 통로

정유재란이 남긴 마지막 상처

순천 왜성

전라남도 순천시 해룡면 신성리에 있는 순천왜성은 1597년 정유재란 당시 고니시 유기나가가 본진 3첩, 내성 3첩, 외성 3첩 등 9첩으로 쌓은 성이다. 전라남도 지방에 유일하게 남은 왜성이다. 전라남도 기념물 제 171호이다.

출처 순천왜성 안내판

순천왜성을 쌓게 한 명량해전

선조 30년(1597년) 임진왜란의 화의 교섭이 결렬되자 토요토미 히데요시는 조선을 재침했다. 이 땅에 또 다시 피바람이 불기 시작했다. 이 전쟁은 정유년에 다시 시작한 싸움이라 하여 정유재란이라고 한다.

왜군은 총병력 14만여 명으로 남해안 일대를 점령하였다. 이 때 조선 수군은 칠천량 해전에서 왜군에게 크게 패하고 통제사 원균은 전사하고 말았다. 사기가 오른 왜군은 영남의 함양 황석산성을 무너뜨렸고, 호남지방 남원성을 점령하였다. 싸울 때마다 승리한 왜군은 전주로 진격하였다. 명나라 군사는 싸워 보지도 않고

천수각 터에서 바라본 건물터

도망가서 왜군은 큰 싸움 없이 전주를 점령하였다.

조선 조정은 풍전등화와 같은 조선 강토를 지킬 낼 장군이 필요했다. 이 때 믿을 수 있는 장군으로는 백의종군하던 이순신 장군밖에 없어 장군을 다시 삼도 수군통제사에 임명하였다.

조선 수군에 남은 병선은 12척뿐이었다. 조정은 12척 밖에 없는 수군을 없애고 육군으로 싸우라고 명령을 내렸다. 이 때 장군은 아직도 12척의 배가 남아있으니 죽을 힘을 다해 싸우면 이길 수 있다며 그 해 8월 어란포에서 왜선을 격파하였다. 한 달 후 울돌목에서 일자진을 치고 왜군과 일전을 벌여 승리로 이끌었다. 이 전투가 바로 명량해전이다.

엄청나게 많은 적함의 공격 앞에서 이순신 장군이 병사들에게 '필사즉생 필생즉사(必死則生, 必生則死)' 죽으려고 싸우면 반드시 살고 살려고 싸우면 반드시 죽는다라고 사기를 북돋아 주었다. 조선 수군은 진도와 육지 사이의 좁은 수로에서 빠르게 흐르는 조류를 이용하여 10배나 많은 왜군 전선을 물속으로 수장시켰다. 장군을 믿고 죽음을 각오하고 싸운 결과였다.

명량해전의 승리로 조선 수군은 남해안의 제해권을 되찾았다. 왜군은 수군을 이용해 전라도를 점령하려 했으나 결국 포기할 수밖에 없었다. 남해 바다를 다시 빼앗겨 보급로가 위태로워지자 왜군 장수 고니시 유키나가는 순천으로 퇴각하여 순천왜성을 쌓고 성안에서 꼼짝하지 않았다.

여러 겹의 성벽을 쌓은 순천왜성

순천왜성은 본진 3첩, 내성 3첩, 외성 3첩 등 9첩으로 계단식 3중벽을 축성하였다. 급경사 지역인 해안 쪽은 전선이 드나드는 정박지를 만들어 자연적 방어가 가능하게 했다. 육지와 연결된 부분은 땅을 파서 해자를 만들었다. 순천 왜성을 예교성이라고도 부르는데 해자를 건너기 위해 연결다리를 설치한 데서 유래하였다고 한다.

왜성의 성벽은 경사도가 낮은 편이다.

순천왜성은 3만 6천여 평의 면적에 외성의 길이는 2,500m, 내성의 길이는 1,300m이며 성문은 크고 작은 것을 합쳐 12개나 만들었다. 성을 쌓은 돌은 엄청나게 컸는데 1.5m에서 2m나 되는 돌을 사용하였다. 높이는 외성은 5m이며 내성은 4m이고, 성의 둘레길이 대략 3,000m나 되었다. 축성 기간은 9월에 시작하여 12월에 완성하였다. 단 3개월 만에 이렇게 난공불락의 요새를 쌓은 것을 보니 얼마나 많은 조선백성들이 이곳에서 성을 쌓다가 죽어갔을지 사뭇 숙연해진다.

우리나라 성은 성벽을 주로 한 겹으로 축성한 것에 비해 왜성은 주 성곽을 중심

망루 역할을 한 천수각 건물을 사라지고 기초석만 남아 있다.

으로 제 1선이 돌파 당해도 2선이 있고 또 3선이 있어 성 하나를 넘으면 성이 또 버티고 있는 형국이다. 또한 우리나라 성은 성문을 들어서면 성안이 한 눈에 들어오는데 왜성의 통로는 이리 구불, 저리 구불 정신 못 차리게 꺾어 놓아 공격을 할 때 길찾기를 어렵게 만들어 놓았다. 또한 우리나라 성벽은 거의 수직에 가깝게 축성한 반면 왜성의 성벽은 우리나라 축대처럼 기울어짐의 정도가 비교적 완만했다.

특이한 것은 성내에 높은 망루 역할을 하는 천수각을 만들었다는 것이다. 우리나라도 장대가 있어서 적을 관측하거나 지휘관이 작전을 전달하기도 했으나 순천왜성의 천수각은 3층 건물로 지어져 있어 주위의 동태를 쉽게 파악할 수 있게 만들어졌다고 한다. 지금은 기단 밖에 남지 않아 그 모습을 볼 수 없어 아쉬웠다.

도피 계획을 세우고 축성하다

순천왜성 답사는 주차장에 세워 놓은『정왜기공도』비석을 보면서 시작하였다. 안내판에『정왜기공도』는 왜를 정벌한 공을 그린 그림으로 순천왜성에 주둔한 왜군을 조·명연합군이 수륙양면으로 공격하는 전투장면이라고 설명하고 있다. 이 그림은 전투장면을 사실적으로 묘사해 복원 정비사업에 중요한 자료로 활용되고 있다고 한다.

순천왜성의 입구로 들어서면 제일 처음 보이는 것이 바로 해자이다. 지금은 넓

단단하게 쌓아 올린 순천왜성

지금은 연못으로 바뀐
왜성의 대규모 해자

은 연못으로 보이는데 옛날에는 외곽성과 본성 사이에 땅을 깊게 파서 바닷물이 드나들 정도로 길고 컸던 것 같았다.

해자를 지나치니 바로 본성 문지가 나왔다. 문지는 본성과 외곽성 중앙에 위치하고 있는 주출입구이다. 문 양 옆으로 해자를 파 놓아 대규모 병력이 공격하더라도 통로가 좁아 효과적인 공격을 할 수 없도록 축성되었다.

문지를 지나면 또 다른 문지가 나타났다. 이 문지는 왜성의 지휘부가 있는 천수각으로 가는 주출입문으로 'ㄱ'자 형태로 성문을 통과하더라도 쉽게 천수각으로 돌진하지 못하도록 만들어 놓았다.

두 번째 문지를 지나면 천수각으로 향하는 길이 두 갈래로 나누어져 있었다. 왼쪽 길은 바로 가는 길이고, 오른쪽 길은 돌아서 올라가는 길이었다. 이 길은 성벽의 방향을 바꿔 놓아 사방에서 공격하게 만들어 놓았다. 우리나라 성의 옹성과 같은 성벽으로 호랑이 아가리라는 뜻으로 호구라는 방어시설을 만들어 놓았다.

순천왜성 문지

왜성에서 지대가 가장 높은 곳에 천수각이 있었던 축대가 남아 있었다. 그 앞에는 축구장 보다 조금 좁은 공터가 소나무에 둘러싸여 있는데 이곳이 건물이 있었던 장소로 보였다.

천수각 축대 위에 올라가니 넓은 공업단지 너머로 바다가 보였다. 저 바다가 바로 정유재란 마지막 해전을 벌인 노량 앞바다와 연결된다. 그러니 왜성이 함락될 것 같으면 바닷가에 정박해 놓은 배를 타고 일본으로 도주하려고 계획했던 것이었다.

조잡하게 쌓은 성벽

노량해전, 임진왜란의 마지막 전투

선조 31년(1598년) 8월 도요토미 히데요시가 죽자 왜군은 순천왜성에 집결하여 일본으로 도망가려 하였다. 바다에서 이순신 장군이 지휘하는 조선 수군이 지키고 있자 다급해진 고니시 유기나가는 명나라 진린 제독을 매수하려 하였다. 이 소식을 접한 이순신 장군은 순천왜성에서 빠져나온 500여 척의 왜선을 노량 앞바다로 유인하여 접전을 벌였다. 이 때 이순신 장군은 '이 원수만 무찌른다면 죽어도 한이 없습니다.'라고 하늘에 빌고 전투에 임했다. 이순신 장군은 죽음을 각오하고 싸우다가 도주하는 왜군을 추격하던 중 적의 총탄을 맞고 쓰러졌다. "싸움이 급하니 내가 죽었다는 말을 하지 말라."는 유언을 남기고 결국 돌아가시고 말았다. 이 때 살아서 돌아간 왜군 전선은 50여 척이라 하니 대승을 거둔 것이었다. 이 노량해전을 마지막으로 정유재란은 막을 내리고 긴 전쟁은 끝이 났다.

순천왜성은 정유재란의 상처를 남겨 놓고 지금 무너진 채 말없이 자리를 지키고 있었다. 전쟁이 끝난 지 400여 년 가까이 시나고 있지만 아직도 이곳에는 조선의 땅을 한 치라도 빼앗길 수 없다며 목숨을 초개와 같이 버려가면서 나라를 지킨 우리 조상들의 숨결이 남아 있는 듯했다. 비록 순천왜성은 아픈 역사의 현장이지만 전쟁의 상처를 기억하며 이곳에서 순국한 조상의 얼을 되새기는 나라 사랑의 교육 현장으로 보존해야 할 것이다.

제 3 부

[고개 돌리면 바로 거기 성곽이 있네]

문을 열고 나서면 만날 수 있다.
비록 옛 모습은 훼손되어 안타까운 마음이 앞서지만
이젠 찾아보고 놀아야하지 않을까?
가까울수록 소홀해진다지만
그 속에 숨어있는 조상의 얼
그 속에 담겨진 나라를 위한 염원
이제 묵언의 돌더미 사이에서 하나하나 찾아봐야 하지 않을까.

분산성 아래로 보이는 김해 시내

김해평야를 굽어보는 만장대

김해 분산성

경상남도 김해시 어방동에 있는 분산성은 해발 330m 분산 정상부에 띠를 두르듯이 돌로 쌓은 테뫼식 산성이다. 현재는 900m 가량 성벽이 남아 있으며 성안에서는 가야, 신라 토기편이 출토되어 그 당시에 쌓은 성곽일 가능성이 높다. 사적 제 66호이다.

출처 분산성 안내판

분산성에서 바라본
김해 시내

가야 연맹체의 맹주 가락국

가락국의 수도였던 김해는 매우 흥미로운 곳이다. 김해 근처에는 가락국의 시조 김수로왕과 왕비인 허황후에 대한 유적이나 관계가 있는 지명들이 많이 남아 있어 건국설화를 단순히 옛날이야기로만 여길 수 없는 증거가 되고 있기 때문이다.

김해는 넓은 평야가 있어 농업이 발달하면서 먹을 것이 풍부해졌고, 근처에서는 철광석이 많이 생산되어 쇠를 다루는 기술이 발전하였다. 바다가 가깝고 낙동강이라는 수로가 있어 교통이 발전하였는데 이런 좋은 입지조건 때문에 생산한 철을 주변국에게 수출하는 해상왕국으로 발전하여 가야 연맹체의 맹주 역할을 했다.

5세기 신라와 가락국이 서로 대립하고 있을 때 고구려 광개토대왕이 신라를 돕기 위해 가락국을 공격했다. 이때부터 국운이 기울어지기 시작하여 백제의 압력에 시달리다 532년 마지막 왕인 구형왕이 신라에 항복하면서 가락국은 역사 속에서 사라지고 말았다.

그러나 가락국 왕족의 혈통은 구형왕의 아들이었던 김무력부터 증손자인 김유신까지 정복국인 신라에서도 이어졌다. 김무력은 백제와의 전쟁인 관산성전투에 참가했고, 김유신은 태종 무열왕을 도와 백제와 고구려를 물리치고 신라가 삼국을 통일하는데 결정적인 공을 세운 인물이다.

가락국 왕도를 지킨 분산성

분산성은 해발 330m 분산의 정상부에 띠를 두른 늣이 돌로 쌓은 테뫼식 산성이

분산성 성문지

다. 분산의 정상부에 넓고 평탄한 지형이 있어 그 주위에 남북으로 긴 타원형을 이루도록 성을 쌓았다. 분산의 남서쪽은 험준한 천연 암벽을 그대로 이용하였고, 시내 쪽 경사면은 대략 3~4 높이로 성벽을 쌓았는데 지금은 대략 900m 정도 남아 있다. 분산성에서는 김해 시내와 김해 평야와 낙동강 그리고 멀리 남해 바다를 한눈에 조망할 수 있어서 가락국의 수도를 지키기에 좋은 위치라는 것을 확인할 수 있다.

분산성은 가야와 신라의 토기편들이 출토되어 처음 성을 쌓은 시기는 가야나 신라시대라고 추측하고 있다. 성안에 있는 비문의 내용을 보면 분산성은 고려 말 김해부사 박위가 왜구의 침입에 대비해 옛 산성을 돌로 다시 쌓았고, 조선 말 1871년 김해부사 정현석이 다시 고쳐 쌓았다고 한다.

복원한 성곽 멀리 산불이 났던 분산이 보인다.

1,500년 전 가락국과 현재를 조망할 수 있는 곳

성루도 없는 초라한 성문을 들어가서 오른쪽으로 내려가니 허물어진 성벽과 복원된 성벽이 이어져 있었다. 복원한 성벽은 옛날 성벽에 비해 색이 밝아 그 경계를 쉽게 알 수 있었다. 그리고 옛 성벽은 무너진 채로 있었고, 복원된 성벽은 잘 정리되어 있었다. 성벽은 튼튼하게 쌓기 위해 경사진 부분에 여러 층을 덧쌓은 모습을 발견할 수 있었다.

성곽을 걷다 보니 김해 시내가 눈에 들어왔다. 마치 상자를 포개 놓은 듯한 아파트도 눈에 보이고 김수로왕이 탄생했다는 구지봉도 보였다. 성곽은 분산 중턱을 향해 새로 입은 옷처럼 깔끔한 모습으로 이어져 있었다. 마치 자동차 면허 시험장의 S코스처럼 왼쪽으로 한 번, 오른 쪽으로 한 번 봉수대를 향하여 꿈틀거리듯

밖에서 바라본 성곽. 기단을 단단하게 축성한 모습이 보인다.

무너진 성벽에 진달래가
무심히 피어 있다.

축성되어 있었다. 성벽으로 오르면서 눈에 보이는 풍경에서 1,500년을 이어온 가락국과 현재의 모습이 공존한다는 느낌이 들었다.

봉수대에 도착했다. 커다란 바위 위에 깔끔하게 복원되어 있었다. 봉수대는 외적이 침입했을 때 신호로 위급함을 알리는 장소로 오늘날 통신시설과 같은 곳이다. 이곳은 멀리 낙동강과 남해안까지 관측할 수 있는 전망이 아주 좋은 곳으로 바다를 통해 외적의 움직임을 관측하고 적의 침략을 대비할 수 있는 중요한 군사시설이었다. 봉수대 바위에는 나무를 심으면서 '하늘은 만장대를 만들었고 나는 이곳에 나무를 심는다.'라는 글귀를 새겨 놓았다. 임진년에 심었다는데 나무의 크기로 보아 심은 지 그리 오래 되지 않은 임진년인 듯하였다.

봉수대 뒤편의 바위에는 만장대라는 흥선대원군의 글씨와 낙관이 조각되어 있었다. 김해시민들에게는 분산성이 만장대라는 이름으로 더 친숙하다는데 만장대는 대원군이 왜적을 물리치는 전진기지로 '만길이나 높은 대'라는 칭호를 내렸던 것에서 비롯되었다고 한다.

대원군의 친필이 새겨진
만장대

서예에 대한 지식은 없지만 글씨는 힘이 있어 보였다. 조선 말기 서구 열강과 일본으로부터 이 나라 조선을 지키기 위해 쇄국을 주장하면서 도처에 척화비를 세운 대원군의 강한 성격을 보는 듯하였다.

분산성 안에 남아있는
해은사

허황후의 전설이 남아 있는 해은사

충의각이 보였다. 그 속에 4개의 비석이 보존되어 있었는데 안내문을 보니 분산성 수축 내력 등을 기록한 비석을 보존하기 위해 건립한 건물이라 한다. 먼저 고려시대 때 성을 쌓았다는 박위장군의 업적과 내력을 기록한 비석이 있고, 흥선대원군의 민세불망기 두 개가 있고 마지막으로 김해부사 정현석의 영세불망비가 보존되어 있었다.

충의각을 뒤로하고 오솔길을 따라 내려가니 가락고찰 해은사라는 비석이 보였다. 이 절은 가락국의 허황후가 인도 아유타국에서 장유화상과 함께 돌배에 불경과 파사석탑을 싣고 바다를 건너 가락국에 도착한 후 바닷길에 풍랑과 역경을 막아준 바다 용왕에게 감사한다는 뜻으로 지었다고 한다. 사찰 안에는 조선시대 때 그려진 수로왕과 허황후의 영정이 모셔져 있으며 임진왜란 때에는 승병이 주둔하였다고 한다.

김수로왕과 허황후 영정 앞에는 허황후가 망산도에서 가져 왔다는 '봉돌'이라 불리는 영험 있는 돌이 있다. 이 돌은 이 지역민들의 오랜 토속신앙의 대상으로 남자에게는 많은 돈을 벌게 해 주고, 여자에게는 아들을 낳게 해 준다는 영험 설화가 전해오고 있다.

다시 조명해야할 제 4제국 가야

해은사를 뒤로하고 길을 내려가니 가야 역사 테마 파크를 건설하고 있었다. 경주, 부여, 공주처럼 김해도 가락국의 수도였다는 점을 이용하여 가야의 역사와 문화를 널리 알리는 관광단지로 조성하고 있었다. 가야 시대의 유적이나 문화재를

비상시 사용하는 암문을 두 개의 커다란 돌이 떠받치고 있다.

산성 옆에 만들어진
역사 테마파크

복원하는 것이 아니라 넓은 터에 가야 시대의 문화를 체험하는 장소와 드라마를 찍기 위한 세트장을 건설하는 것 같았다.

1,500년의 세월은 역사 속으로 흘러갔다. 나라의 운명은 살아 흥하느냐, 죽어 망하느냐 하는 상반되는 두 가지 길을 걸어가게 되어 있다. 나라와 나라와의 관계도 약하면 먹히고 강하면 잡아먹는 자연계의 법칙처럼 조금의 인정이나 배려는 찾아볼 수 없다. 고구려, 백제, 신라의 틈바구니에서 하루도 마음 편한 날 없이 500년을 이어온 '제 4제국 가야'는 잃어버린 왕국으로 생각해서는 안 되며 반드시 재조명되어야 한다.

답사 도중 예쁜 딸을 데리고 온 아버지는 선생님처럼 손가락으로 일일이 짚어가며 김해 시내와 구지봉을 설명하고 있는 모습을 보았다. 딸은 다정한 아버지의 말씀을 한마디라도 놓칠세라 아버지의 얼굴과 손가락이 가리키는 곳을 번갈아 보면서 경청하고 있었다. 그런 모습에서 수천 년 역사를 지켜 온 조상들의 얼이 헛된 것이 아니라는 생각을 하면서 분산성에서 발길을 돌렸다.

발굴작업이 한창인 성산산성

신라 목간이 발굴된 아라가야 지역 옛 성

함안 성산산성

경상남도 함안군 가야읍 광정리에 있는 성산산성은 해발 139.4m의 조남산 정상부를 둘러쌓은 테뫼식 산성이다. 둘레가 1.4km이며 성벽의 상부가 많이 허물어져 흙과 돌을 섞어 쌓은 것처럼 보이나 발굴 조사결과 납작하게 다듬은 모난 돌을 수직에 가깝게 쌓았다. 사적 제 67호이다.

출처 성산산성 안내판

함안은 아라가야의 수도

성산산성을 답사하기 위해서 진주에서 경전선을 타고 함안으로 갔다. 경전선은 단선이고 구불구불 굴곡진 선로가 많아 기차는 속력을 낼 수 없다. 느릿하게 달리는 기차에서 창밖을 바라보며 자연과 교감할 수 있는 여유를 즐길 수 있었다. 승객들도 나이 지긋하신 어르신들이 많아 향수를 느끼게 하는 구수함이 배인 사투리 대화 소리가 듣는 이의 귀를 즐겁게 만들었다. 세상은 어제와 오늘이 다르게 바뀌는데 이곳만은 10년이 지나야 강산이 변할 것 같은 느긋함이 하품과 기지개를 동반하게 만들었다.

성산산성 발굴조사 현장

함안은 북쪽으로 낙동강과 남강이 합쳐지고 남쪽으로는 여항산이, 동쪽으로는 천주산이 솟아 있으며, 군 전체는 구릉지가 많은 편이다. 가야읍에는 작은 언덕들이 천 여 개나 있는데 이것이 모두 가야시대의 고분이라고 한다.

낙동강 하류 지역 변한 땅에 쇠를 잘 다루는 여섯 나라가 있었는데 이들을 가야라고 한다. 고구려, 백제, 신라의 삼국이 중앙 집권 체제를 갖춘 고대 국가로 성장할 때 가야는 연맹체를 이루고 있었다. 초기에는 김해의 금관가야가 연맹체를 주도하였고, 후기에는 고령의 대가야가 가야 연맹을 주도하였다. 함안은 가야 연맹체 중 아라가야가 있었던 곳이다. 원래 변한 12국의 하나인 안야국으로 전성기일 때는 함안뿐만 아니라 마산, 의령, 진주 일부 지역까지 세력을 넓혔다고 한다.

신라의 목간이 발견된 산성터

성산산성은 함안읍 괴산리와 가야읍 광정리에 있는 조남산 정상부를 둘러쌓은 테뫼식 산성이다. 1991년부터 진행된 발굴 조사로 납작하게 다듬은 돌을 수직에 가깝게 쌓아 올린 성벽의 모습이 확인되었다. 전체 1.4km의 성벽은 안쪽의 작은 분지를 감싸면서 높은 곳을 따라 쌓아 동서가 짧고 남북이 긴 타원형을 이루고 있다. 동쪽과 남쪽의 성벽에서 성문터가 발견되었고 성안에는 1개의 우물과 2개의 건물터가 확인되었다 『여지도서』와 『함주지』 등의 서적에는 가야의 고성으로 기록되었으나 발굴 조사에서는 주로 신라 시대 유물이 출토되었다.

성산산성에서 출토된 유물은 신라 기와, 도기편, 목제품, 과일씨가 있는데 가장 주목받는 것은 목간이다. 목간은 종이가 발명되지 않았을 때 나무토막을 얇게 다듬어 만들어 쓴 기록물이다. 중국에서는 대나무를 잘라 만든 죽간을 사용하기도 했다.

성산산성 저습지에서 출토된 목간은 1992년 6쪽을 시작으로 2008년까지 무려 246쪽이나 발견되었는데 이는 우리나라 목간 유물의 50%가 되는 많은 양이다. 발견된 목간의 내용은 직업 이름인 직명, 땅이름인 지명, 사람 이름인 인명, 계급 이

지반이 약한 부분에
부엽공법을 사용하여
쌓은 성벽

름인 관등명의 순서로 틀이 짜여져 있거나 지명, 인명, 곡식 이름인 곡물명 수와 양의 순으로 쓰여 있어 신라의 사회, 경제, 문화 연구에 소중한 자료가 된다.

이 목간 중에는 제첨축이라는 목조각이 발견되었다. 가래나 삽 같이 네모 모양에 자루가 길게 달린 형태로 이것은 두루마리 문서 사이에 꽂아두는 색인표 같은 것인데 12점이나 나왔다. 또 다른 나라에는 없는 숟가락 모양의 목간도 6쪽이나 발견되었는데 이것은 관청에서 만든 많은 두루마리 문서들을 펼치지 않고도 바로 확인하거나 쉽게 찾을 수 있도록 문서 이름을 적은 표찰로 사용된 것으로 보인다고 한다. 성산산성에서 발견된 것들은

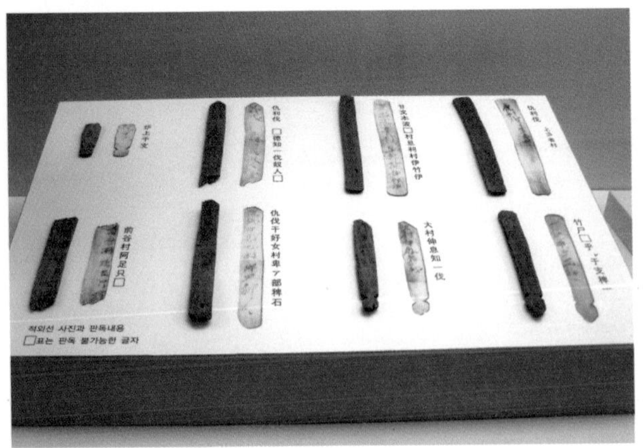

성산산성 저습지에서
발견된 목간
(함안박물관 사진)

신라가 6세기 중엽 진흥왕 때에 신라 전 지역의 인구 현황을 정리한 호적을 만들었다는 사실을 보여주는 놀라운 자료라고 한다.

부엽 공법을 사용하다.

성산산성은 성벽 붕괴와 유실을 막기 위해 부엽 공법을 사용했다. 부엽공법이란 제방이나 도로, 성곽 등을 쌓기 위해 나뭇잎과 나뭇가지를 깔아서 기초를 만드는 고대의 토목기법으로 연약한 지반을 보강하기 위해 사용한다. 성산산성에 사용된 부엽공법은 오늘날 침식되기 쉬운 약한 지반의 기초공사에 토목건축용 매트리스를 설치해 부등 침하와 침식을 방지하는 현대 공법과 같은 원리라고 한다. 발굴조사 때에 나뭇가지를 매우 치밀하게 엮어 울타리를 세운 속에 나뭇가지, 잎, 풀들

수구 세 곳과 판석 모습

을 다져 메운 성벽 붕괴 예방용 시설이 발견되었다고 하니 선조의 토목 기술이 얼마나 발전된 것인지 알 수 있는 부분이다.

성산산성은 성벽을 축조할 때 구간별로 나누어 작업을 진행했던 분기점이 발견되었고, 성벽의 붕괴를 막고자 성벽 밑 부분에 설치했던 외벽 보강 벽도 확인되었다. 특히 성벽에 네모난 수구가 3개나 발견되었는데 수구 바깥쪽으로 흐르는 물에 의해 지표면이 침식되거나 약해짐을 방지하기 위해 넓게 깐 판석도 발견되었다.

성산산성 성벽은 동벽과 서벽, 남벽 등 일부가 발굴 조사되었다. 동벽 외벽의 경우 낮은 부분은 커다란 막돌로 1m 높이까지 축조되었는데 이 높이까지 단면 삼각형의 기단 보축이 설치되었고, 다시 그 위에 더 큰 외벽의 기단 보축이 설치되었다. 동벽의 높이는 4m, 체성의 내외 폭은 약 8m, 외벽 기단 보축 시설은 너비 1.6m이며, 높이는 1.8m로 알려져 있어 성벽을 매우 견고하게 축성하였음을 짐작할 수 있다.

가야의 역사처럼 찾기 어려웠던 산성 답사

함안 관광지도 한 장 달랑 들고 성산산성을 찾기는 무리였다. 함안역에서 내려 함안을 잘 안다는 택시기사의 차를 타고 성산산성으로 향했다. 택시 기사가 내려준 곳은 고분군이 시작되는 곳이었다. 나는 순간 택시 기사가 함안에 왔으면 도항리나 말산리 아라고분군을 먼저 봐야 한다는 답사 코스를 무언으로 알려 주는 줄 알았다. 그리고 고분 끝나는 부분에 성산산성이 있겠구나하고 택시기사가 사라진 쪽을 향하여 고마움의 인사를 했다. 느긋하게 사진을 찍어가면서 거대하고 수많은 고분을 답사하였다. 그러나 고분군이 끝나는 곳에는 산성이 없었다. 그래서 지

성산산성 아랫부분은 막돌로 쌓았고, 윗부분은 다듬은 돌로 쌓았다.

나가는 연세 지긋한 분에게 성산산성이 어디 있냐고 물어보았다. 고맙게도 높은 곳으로 데리고 가서 손가락으로 허공에 약도를 그려가며 자세히 알려 주셨다.

하늘은 푸르고 날씨도 따뜻하여 상쾌한 기분으로 유유자적하게 할아버지께서 알려 준 곳으로 발길을 옮겼다. 저수지를 끼고 돌아 산길로 올랐다. 한참을 가니 또 저수지가 보였다. 좌우로 펼쳐지는 아름다운 풍경을 감상하니 즐거운 마음이 들어야 하는 데 오히려 불안한 마음이 싹텄다. 아무리 가도 산성은 나오지 않았기 때문이었다. 산성의 위치를 알려 줄만한 곳에 전화를 했지만 공휴일이라 통화를 할 수 없었다.

산 속을 헤매다가 결국 포기하고 오던 길로 발길을 돌렸다. 결국 도로변에 나와 택시를 기다렸다. 가야의 역사처럼 안개 속에 갇힌 성산산성 찾기는 실패로 끝나는 듯 하였다. 택시를 타고 함안역으로 가면서 택시기사에게 성산산성을 찾으러

함안에는 가야시대 고분이 산재해 있다.

왔다가 보지도 못하고 돌아간다고 말을 하자 택시 기사는 성산산성을 아는 데 그쪽으로 가겠냐고 묻는다. 택시 기사의 덕분으로 커다란 성산산성 안내판을 발견할 수 있었다.

산성에 도착하자 중장비가 보였으나 발굴하는 사람들은 보이지 않았다. 중요한 부분은 비가 오면 유실될까봐 파란색 비닐로 도배하듯 덮어놓았다. 목간이 발견되어 학계에서 중요하게 여기는 장소이고, 아직 발굴 조사가 끝나지 않아 혹시 문화재를 훼손할까 두려워 조심조심 성곽 주위를 답사를 하였다.

꼭 둘러보아야할 함안 박물관

성산산성이 아라가야 지역에 자리잡고 있어서 가야의 유적인줄 알았는데 신라계통의 유물이 많이 출토되었다고 한다. 아라가야가 진흥왕 20년(559년) 신라에 투항하여 신라의 아시촌소경이 되었다고 하는데 성산산성은 아라가야 시대에 쌓았지만 가야보다 신라가 더 오랫동안 머물러 있어서 신라 유물이 많이 발견된 것이 아닌가하는 추측을 조심스럽게 해 보았다.

함안 박물관을 둘러보았다. 입구 부분에 아라가야의 대표 유물인 화염문투창고배 즉 불꽃무늬토기의 굽다리 모양의 조형물이 높이 솟아 있었다. 아라가야의 특징을 잘 형상화한 것 같아 보기 좋았다. 박물관 안에는 성산산성에서 발견된 목간을 비롯하여 불꽃 무늬 토기가 전시되어 있었다. 또 구덩이를 파서 벽을 돌로 채워놓고 그 위에 뚜껑을 덮어 놓은 수혈식 석곽묘가 원형대로 복원되어 있어 가야 시대의 장묘 문화를 엿볼 수 있었다.

한 소년이 신문을 배달하다가 공사장에서 우연히 발견하게 되었다는 마갑총의 출토 유물도 전시되어 있었다. 마갑총에서 출토된 마갑과 개마무사의 복원상이 눈길을 끌었다. 마갑은 말의 갑옷을 말한다. 개마무사는 철로 온몸을 감싼 무사로 고구려 고분 벽화에 있는 그림을 토대로 복원했다는데 기마병과 말을 쇠갑옷으로 무장한 모습이 위풍당당하게 보였다. 가야는 쇠를 잘 다루었기에 기마병과 함께 말

아라가야의 불꽃무늬 토기를 형상화한 함안 박물관

에게도 갑옷을 입혔다고 한다. 이런 모습으로 전쟁터에 나가면 적병의 사기를 떨어뜨려 전투에서 엄청난 위력을 발휘했으리라 생각이 들었다.

아라가야 지역인 함안에 대한 인상은 참 좋았다. 다시 오고 싶을 정도로 정돈된 모습이 마음을 이끌었다. 눈부시도록 맑은 날씨에 가야의 역사를 돌아보면서 얻은 갖가지 보람을 경전선 기차에 싣고 천천히 함안을 뒤로 했다. 그러나 인근 도시로 인해 함안이 점점 작아지고 있다는 지역민들의 안타까운 마음은 지울 수 없었다.

성안 공터에 소나무만 자라고 있다.

천년 사직을 지켜온 신라의 왕궁

경주 월성

경상북도 경주시 인왕동에 있는 경주 월성은 신라시대 때 궁궐이 있었던 곳이다. 파사왕 22년(101년)에 성을 쌓고 역대 왕들이 이곳에서 살았다. 지형이 초승달처럼 생겼다하여 신월성 또는 월성이라 하였고 임금이 사는 성이라하여 재성이라고도 불렀다. 사적 제 16호이다.

출처 경주 월성 안내판

천 년 동안 신라의 수도였던 경주

경주는 고대 국가 신라의 도읍지이다. 세계적으로 천 년 가까이 한 나라의 수도였던 도시는 그리 많지 않다. 그래서 경주 일대는 도시라기보다는 지붕 없는 거대한 박물관에 가깝다. 도심 안에는 왕가의 무덤인 대릉원과 김씨 왕조의 시조 김알지가 태어났다는 계림 그리고 동양에서 가장 오래된 천문대인 첨성대 등 수도 없이 많은 유적이 산재되어 있다.

우리나라 고대 도시로는 일찍이 관광지로 개발된 경주는 국민의 대다수가 학창 시절 수학여행으로 한 번씩은 다녀간 도시이다. 그러나 경주 수학여행은 찬란한

대릉원에 산재한
신라 왕의 무덤

신라의 문화 탐방은 뒷전이고 친한 친구들과 어울리며 일생에서 가장 즐거웠던 여행 중 하나였다는 추억만 간직하게 되었을 것이다.

소나무로 둘러싸인 김알지가 태어난 계림

그래서 경주하면 불국사나 첨성대 그리고 천마총 정도만 생각날 뿐 도성이었던 경주 월성의 존재는 기억하기 힘들다. 신라 천년을 호령하면서 지엄한 왕권을 행사한 도성이 잘 알려지지 않은 것은 신라가 역사 속으로 사라진 후 폐허의 길을 걸으면서 성안에 볼만한 유적이 남아 있지 않기 때문이다. 근래에도 볼만한 문화재가 월성 가까운 곳에 더 많이 있어 관광객들이 월성을 찾지 않는다.

흙과 돌을 섞어서 쌓은 반달 모양의 토성

경주 월성은 파사왕 22년(101년)에 쌓았다고 전해오는데 임금이 살고 있다는 의미로 재성이라고 불렀다고 한다. 성의 둘레는 2,400m로 동서는 890m인데 비하여 남북이 비교적 짧은 250m의 도성으로 생긴 모양이 반달 같다고 하여 반월성 또는 신월성이라 불렀다. 성안은 넓고 자연 경관이 좋아 궁성으로서의 좋은 입지조건을 갖추고 있는 것 같아 보였다.

성안에 있는 조선시대 건축물인 석빙고

월성 안에는 여러 개의 문과 누각 그리고 왕이 정사를 돌보던 건물 등 많은 건축물들이 있었다고 하나 지금은 신라시대 때 건물은 남아 있지 않고 이곳이 경주 월성이었음을 알리는 표지석과 조선

성벽 하단부에 돌로 쌓은 흔적

시대 때 지은 얼음 창고인 석빙고만 남아 있었다.

월성은 높지 않은 언덕을 중심으로 흙과 돌을 섞어가며 성을 쌓았다. 지금도 토성 위로 커다란 돌들이 보이고 아주 오래된 나무의 뿌리가 마치 거대한 문어의 발처럼 흙과 돌이 빠져나가지 못하게 힘껏 움켜지고 있었다. 성곽은 천년의 세월이 지나면서 뚜렷한 형태는 없어지고 성 밖에서 보면 작은 언덕처럼 보이고, 윗부분은 성곽 주변으로 소나무와 활엽수가 경계를 이루듯 심어져 있었다. 성벽 주변으로 해자가 만들어져 입구 쪽에는 연못으로 남아 있고 반대쪽에는 구조와 규모 등을 알아보기 위한 발굴 조사 중이었다.

월성 주변에는 북쪽으로 북천과 서천으로 둘러싸인 넓은 대지가 펼쳐져 있고, 남쪽으로는 남천이 천연 해자 역할을 하며 흐르고 있었다. 성안은 잘 정리된 잔디가 펼쳐져 있고 주위엔 소나무가 성곽을 호위하듯 가지를 내리고 상쾌한 솔향을 뿜어 내고 있었다. 국립경주박물관 쪽 활엽수가 만든 그늘은 더운 여름인데도 서늘할 정도로 느껴졌다. 반대쪽 숲 속 원두막에는 나이 지긋한 어르신들이 세월을 낚는 듯 편안한 자세로 앉아 계셨다. 경주 월성은 관광객들이 그리 많지 않아 불어오는 시원한 바람을 맞으며 여행으로 지친 심신을 편하게 쉴 수 있는 장소로 안성맞춤이었다.

성벽과 해자

월성 축성과 석탈해 전설

경주 월성에는 성을 쌓기 전 터에 대한 전설이 내려오고 있으니 바로 신라 제 4대 왕 석탈해에 관한 이야기이다.

석탈해가 토함산에 올라 경주 지세를 살펴보니 반월성 터가 길지임을 알게 되었다. 그러나 이미 사람이 사는 집이 있었다. 그것도 당시 높은 벼슬을 하는 호공이라는 사람의 집이었다.

석탈해는 이 땅을 빼앗기 위해 계략을 썼다. 하루는 주인 몰래 집 주변에 숯과 쇠붙이를 묻어 놓았다. 그리고는 호공을 찾아가 이 집은 원래 우리 조상들이 살던 집이었으니 집을 내어날라고 하였다. 호공이 놀라서 증거를 대라고 하니 탈해는 주저하지 않고 자신의 조상이 쇠를 다루던 대장장이였는데 집 주변을 파 보면 증거물이 나올 것이라고 말했다.

잘 살던 집을 갑자기 자기 집이라 주장하니 억울한 호공은 재판을 요청을 하였다. 관원들이 나와 집 주변을 파 보니 숯과 쇠붙이가 많이 나왔다. 결국 호공은 석탈해에게 집을 내주고 말았다. 이 내막을 알게 된 남해왕은 석탈해가 보통사람이 아님을 알고 사위를 삼고 왕위까지 물려주었다고 전해 온다. 박씨가 왕인 나라에 석씨가 왕위를 물려받을 수 있었던 것은 그가 범상치 않은 인물이며, 충분히 왕이 될 인물이라는 것을 알리기 위해 꾸며낸 이야기가 아닐까 하는 생각이 들었다.

임해전과 안압지

경주 월성 도로 건너편에 안압지와 임해전이 있었다. 안압지는『삼국사기』에 보면 문무왕 14년에 궁성 안에 연못을 파고 산을 만들어 화초를 기르고, 진기한 새와 기이한 동물들을 양육하였다는데 이 때 판 연못이 안압지라고 전해 온다.

임해전은 안압지를 조성할 때 만든 건물이라고 추정하고 있는데 나라에 경사스런 일이 있을 때나 귀한 손님들이 왔을 때 군신들의 연회 및 귀빈의 접대장소로 이

안압지와 임해전의
야경

용되었다.

안압지와 임해전을 한 바퀴 돌아보니 궁성의 위엄은 나타나 있지 않고 아름다운 정원이라는 느낌을 받았다. 연못과 누각이 잘 어우러져 옛날 조상들이 얼마나 자연을 잘 이용했는지 감탄하지 않을 수가 없었다. 삼국 통일 이후 전성시대에는 17만 여 호의 주택에 많은 백성들이 거주했던 대도시인 경주의 풍요로움을 한 눈에 알아볼 수 있을 정도였다.

신라는 역사상 당나라 외에 왜와 동남아시아 멀리 서역과도 교역을 했다고 하니 월성은 당시 통일 신라의 위상에 비해 비좁아 보였다. 그래서 문무왕 때에 비록 경주 월성 밖이지만 안압지와 임해전, 첨성대 등을 건설하여 왕성의 범위에 포함시킨 것 같은 생각이 들었다.

지금도 경주는 관광 일번지

바깥에서 본 성벽은
매우 높다.

경주는 아름다운 자연과 고풍스런 유적이 조화를 이루어 다른 관광지에서는 볼 수 없는 풍광을 보여주고 있으며, 관광하기도 무척 편리하다. 또한 매년 세계문화엑스포가 열려 한국의 문화를 세계에 알려온 국제 관광 도시로 발전해 가고 있다.

특히 안압지와 임해전은 조명을 아름답게 설치하여 관광객들이 늦은 밤까지 자리를 떠나지 않는다. 또 야경사진 촬영지로도 잘 알려진 곳이라 안압지 주변에는 많은 사람들이 해가 남아 있는 시간부터 좋은 자리를 잡기 위해 몰려든다.

저녁 식사도 미루고 자리를 잡고 앉아 해 지기를 기다렸다. 지루한 기다림 속에 하나 둘 씩 조명이 켜지자 주위의 여러 사람들의 탄성 소리가 들여오기 시작하였다. 그리고는 개구리가 합창하듯 셔터 누르는 소리가 들려왔다. 모두들 오로지 아름다운 풍경을 사각의 평면 속에 담으려는 모습만 보였다. 물아일체라는 표현이 맞을까? 카메라와 내가 하나가 되어 시간 가는 줄 모르고 안압지의 야경 속으로 빠져 들어갔다. 중국의 시선 이태백이 달빛이 너무 아름다워 술 한 잔 마시고 달을 잡으려다가 강물에 빠져 죽었다는 전설이 이해될 정도였다.

경주에 관광을 올 때는 미리 공부를 하고 오는 것이 좋을 것 같다. 아는 만큼 보인다고 하지 않던가. 아직 찾아 볼 유적이 많은데 시간이 왜 이리 빨리 가는지 조바심이 날 정도였다. 학창시절 그냥 바람처럼 왔다가 연기처럼 학창 시절의 추억만 쌓고 갔던 것이 아쉬웠다. 경주에 오시려거든 미리 알아보고 방문하시길 다시 한 번 당부 드린다.

몽고에 대항하기 위해 삼별초가 쌓은 용장산성 석축

삼별초의 슬픈 역사 돌담에 남아

진도 지역 성곽

전라남도 진도군 임회면 남동리에 있는 남도석성은 평탄한 대지 위에 돌로 축조된 성이다. 성 둘레는 610m이며 성문과 옹성의 형태가 남아 있다. 고려 원종 때 삼별초군이 진도에 머물면서 해안 방어를 위해 쌓은 것이라 한다. 사적 제 127호이다.

출처 남도석성 안내판

아직도 진도에 남아 있는 삼별초의 영혼

"진도주민들!"

"외세의 침략에 항거하는 구국전사 삼별초군으로 변신!!"

"한파 무릎 쓰고, 연습에 또 연습, 비지땀을 흘리며 겨울을 물리치다."

"용장산성 궁궐 복원과 삼별초 역사 유적지 건설을 위하여 국민적 관심을 끌어내고자 농민, 어민, 학생, 공무원, 서예가, 화가, 시인, 꽃 예술가, 군의원 등이 한마음으로 일어섰다. 진도 군민 배우들 아자, 아자, 아자!"

진도에 도착하자마자 눈에 띤 것은 『구국의 고려전사 삼별초』라는 연극 포스터였다. 연극은 몽고와 항쟁했던 삼별초군의 이야기를 주제로 한 것 같았다. 연극 포스터에는 용장산성의 복원과 역사 유적지 건설을 위하여 진도의 각기 다른 분야의 사람들이 모여서 막을 올린다는 문구가 눈에 들어왔다. 전문 꾼들의 연극이 아니다. 진도를 알리기 위해 생업을 잠시 접어두고 땀을 흘리며 연습을 하는 진도 군민 배우들에게 따뜻한 차 한 잔이라도 사고 싶은 응원의 마음이 생겨났다.

삼별초 연극 포스터는 몽고와의 화친에 반발하는 삼별초군의 배중손 장군이 "몽고 병사들이 몰려오면 백성들을 죽이고 재산도 모두 빼앗아 갈 것이니 나라를 사랑하는 사람들은 모두 격구장으로 모여라."라고 한 말이 생각났다.

진도의 역사와 문화를 세상에 알리고자하는 군민들의 마음이나 고려의 자주성을 위하여 쉽지 않은 길을 택한 삼별초군의 나라 사랑하는 마음이 많이 닮아 있음을 느꼈다.

몽고 항쟁의 근거지 진도

1231년 몽고는 고려를 침략하여 국토 전역을 휩쓸고 지나갔다. 당시 최씨 무신정권의 수장 최우는 조정을 강화도로 옮기고 몽고군과 대립을 하며 자그마치 40년이나 버텼다. 이 때 나라를 위해 죽음을 불사하고 싸운 집단이 바로 삼별초이다.

삼별초는 고종 6년(1219년) 최우가 야간 순찰 및 단속 등 치안유지를 위해 설치한 야별초에서 출발하여 인원이 증가하자 좌별초·우별초로 나누었고, 몽고와 싸우다 포로가 되었다가 탈출한 병사들인 신의군이 합쳐진 군사 조직으로 오랜 싸움으로 무력해진 정규 군사들보다 더 강력한 전투 집단이었다.

고려 고종이 오랜 전쟁에 지쳐 몽고와 화친을 맺고 개경으로 돌아가려고 삼별초를 강제로 해산시키려 했다. 항몽 기간 동안 죽음을 두려워하지 않고 가장 열심히 싸웠던 삼별초는 고려가 몽고에 항복하면 목숨이 위태로워질 것이므로 조정에 반기를 들고 대몽 항선을 계속하였다.

성벽 너머 보이는 구름에는 삼별초의 혼이 담겨져 있는 듯하다.

결국 삼별초군은 화친에 강하게 반발하며 강화도에서 두 달간의 긴 항해 끝에 진도에 도착하여 용장산 주변에 토성과 석성을 쌓았다. 그리고 배중손 장군을 비롯한 삼별초군은 왕족인 왕온을 왕으로 받들어 새로운 고려 정권을 세웠다.

새로운 고려 정권의 도성 용장산성

진도에는 삼별초의 유적이 많이 남아있다. 진도대교를 건너 벽파진 쪽으로 가다보면 저수지 이름이 용장제요, 하천 이름이 용장천이고, 동네 이름까지도 용장리인데 이곳에 용장산성이 있다. 용장산성은 몽고에 항복한 고려 조정에 반발하여 진도에 건설한 항몽의 근거지요 삼별초의 생존터였다.

새로운 고려 정권의 도성인 용장산성을 쌓은 진도는 해전에 약한 몽고군과 싸우는데 가장 좋은 방어진지이며, 땅도 비옥하여 농사를 지으면서 오래도록 항쟁할 수 있는 적합한 지형이었다. 용장산성을 쌓은 삼별초군은 나라에 충성을 다했지만 나라로부터 버림받은 처지가 되어 부평초처럼 진도로 흘러들어오면서 삶에 대한 강한 의지를 품게 되었는데 이로써 죽음이라는 두려움에서 벗어나려 했다. 그들은 성을 쌓고, 행궁을 짓고, 농사지을 땅을 개간하고, 또 몽고군의 공격을 방어하기 위한 작전을 세우면서 언젠가는 고향으로 돌아가겠다는 희망을 버리지 않았다.

남도석성 치성

진도에 정착한 후 삼별초 지휘관 배중손 장군은 전라도와 경상도의 남해안, 진주와 밀양까지 세력을 넓혔고 방어 체계를 단단하게 구축하였다. 시간이 지나면서 삼별초가 꾸었던 대몽항쟁의 꿈들이 하나하나 현실로 나타나기 시작했다.

그러나 고려 정부는 전라도, 경상도에서 올라오는 조세가 개경으로 올라오지 않고 삼별초에게 빼앗기자 경제적으로 타격을 받게 되었다. 그리고 고려 조정 내부에서도 몽고에 항복한 고려 왕실에 반기를 드는 사람들이 늘어났고 또 이들은 삼별초에 의해 추대된 왕을 찾아 고려 조정을 버리고 진도로 향했다.

용장산성 행궁의 석축

이에 위협을 느낀 고려 조정은 몽고와 연합하여 진도를 공격하였는데 번번이 실패하였다. 여몽연합군은 병력을 1만여 명으로 늘리고, 전선 4백여 척으로 진도에 건너가서 대규모 섬멸 작전을 펼쳤다. 10여 일 동안 격렬하게 싸운 삼별초군은 결국 여몽연합군에게 쫓겨 왕은 죽임을 당하고, 배중손은 섬 남쪽 남도석성까지

건물은 없어진 용장산성 행궁터

쫓겨 가서 결국 수적 열세를 극복하지 못하고 전사하고 말았다.

용장산성은 발굴 조사한 결과 행궁터 주변 해발 264m의 용장산 좌우의 능선을 따라 약 13km에 이르는 대규모의 성벽과 부대시설이 있었던 것으로 알려졌다. 지금은 오랜 세월이 흘러 거의 다 허물어져 버리고 성 안에는 좌우 폭이 좁고, 길이가 긴 행궁터 석축이 남아 그 사이사이에서 풀들이 자라고 있었다. 그리고 앞쪽으로 고려 항몽 충혼탑과 용장산성 홍보관이 있었고 용장사도 눈에 띄었다.

진도의 마지막 항쟁지 남도석성

삼별초의 유적지로 마지막 항쟁지인 남도석성은 진도 남쪽에 위치하고 있다. 이 성은 평탄한 대지 위에 돌로 축조된 평지성으로 고려 원종 때 삼별초군이 진도에

남도석성 성문.
옹성 때문에 밖이
보이지 않는다.

머물면서 해안 방어를 하기 위해 쌓은 것이라 전한다. 성의 둘레는 610m이며, 높이는 2.8m~4.1m에 이르며 성문과 옹성의 형태가 뚜렷하게 남아 있다.

남도석성의 옹성

성벽 아랫부분에는 엄청나게 큰 돌들로 기초를 잡고 위로 올라갈수록 다듬은 돌로 쌓았다. 성문은 3개가 있는데 서남쪽으로 향한 남문만이 문루가 있는데 지금은 보수하여 세월의 흔적은 찾아볼 수 없고 금방 목욕을 끝낸 것처럼 깔끔하게 보였다.

성벽에 올라 성 안을 보니 여러 채의 민가가 있고, 옛 관아 건물도 복원되어 있

남도석성 성벽과 문루

남도석성 안에 관아
건물이 복원되어 있다.

었다. 성벽을 따라 성 한 바퀴를 돌 수 있어서 답사하기는 매우 수월했다. 또 서문 앞에는 다른 성과 마찬가지로 이곳을 거쳐 간 권력자들의 불망비와 선정비가 남아 있었다.

남도 석성 앞에는 쌍홍교과 단홍교가 있었다. 개울을 건너다니기 위해 쌓은 두 홍교는 실용성이 없어 보일 정도로 작았다. 그러나 돌을 차곡차곡 아치 모양으로 쌓아 예쁜 모습을 간직하고 있었다.

남도석성은 삼별초군이 여몽연합군에 용장산성에서 이곳까지 밀려 내려와 대패한 곳이기도 하며, 김통정 장군이 남은 병사들을 데리고 내일을 기약하며 제주도로 피신하기 위해 배를 띄운 곳이기도 하다. 그래서 고향으로 돌아가겠다는 꿈을 이루지 못한 삼별초의 원혼들이 잠들지 못하고 이곳에 떠돌고 있는지도 모르겠다.

성을 한 바퀴 돌고 마을로 갔다. 마을 어르신들이 몇 분 계셔서 남도석성에 대해서 여쭈어 보았더니 한 어르신께서 다리품을 팔아가며 이곳저곳을 설명해 주셨다.

쌍홍교의 현재 모습

석성에서 바닷가 쪽으로 백여 미터 떨어진 곳에 있는 연무장을 안내해 주셨다. 병사들이 활을 쏘던 활터인데 바닷가에 표적을 설치해 놓고 연습을 했다고 설명해 주셨다. 그곳은 아마도 삼별초군이 사용하던 장소가 아니라 그 후에 바다를 지키던 수군들의 연무장이었던 것으로 짐작되었다. 또 바다 입구 돌로 쌓은 봉화대도 알려주시면서 앞으로 남도석성 주변에 남아 있는 유적을 조사 발굴하여 옛 모

바다로 침범하는 적을 미리 알리기 위한 봉화대가 바닷가에 있다.

습을 찾으려고 한다면서 그 때 다시 한 번 들러달라고 초청해 주셨다.

진도는 생각 없이 관광하는 곳이 아니다. 유적지 하나하나마다 그 유래와 의미를 마음 깊숙이 새기면서 살펴보아야 한다. 특히 진도에 남아 있는 삼별초 유적은 당시 세계를 지배한 몽고에게 40여 년 동안 대항한 우리 민족의 강인함을 자랑스럽게 생각하면서 답사해야 한다. 비록 삼별초의 항쟁은 역사 속으로 사라지고 말았지만 마지막까지 목숨을 버려가면서 자주성을 지키려했던 고려인의 기상을 마음속에 담아두어야 한다. 진도를 떠나면서 국난 극복의 역사 현장들이 민족정신 선양의 새로운 명소로서 거듭날 것을 기원해 보았다.

남고산성 성벽길

완산주 방어를 위해 쌓은 포곡식 산성

전주 남고산성

전라북도 전주시 완산구 동서학동에 있는 남고산성은 고덕산 자락을 따라 쌓은 둘레 3km의 석성으로 고덕산성이라 부르며 후백제의 견훤이 쌓았다 하여 견훤성이라고도 한다. 현재 성은 임진왜란 때 쌓았는데 그 뒤 순조 13년(1813년) 고쳐 쌓고 남고산성이라 하였다. 사적 제 294호이다.

출처 남고산성 안내판

태조 이성계의 본향 전주

전주는 노령산맥이 도시 외곽을 둘러싸고, 전주천이 만경강을 만나 들판의 목을 축여주고 있어 예부터 호남지방의 곡창지대로 먹고 살기에 풍족한 도시였다. 전주의 역사는 선사시대부터 시작되어 삼국시대를 거쳐 견훤이 후백제를 건국하며 도읍지로 삼았고, 조선시대 때는 태조 이성계의 본향으로 전라 감영이 있었던 유서 깊은 도시이다. 그래서 태조 어진을 모신 경기전을 비롯하여 전주성 남문인 풍남문이 남아 있으며, 오목대와 한벽당 등 많은 유적들이 사시사철 관광객을 불러 모은다.

산 능선을 따라 축성한
남고산성 성벽

전주는 전라선 기차와 더불어 고속국도 두 개 노선이 지나가고, 서쪽에 순창으로 가는 27번 국도, 동쪽에는 남원 가는 17번 국도가 있어 교통이 편리하여 유동인구가 많다. 또한 다양한 식재료가 풍부하게 생산되어 자연히 음식 문화가 발전되었다. 그래서 춘하추동 다양한 먹거리를 맛보기 위해 전국의 미식가들이 전주를 자주 찾는다.

견훤이 쌓았다는 남고산성

견훤은 후백제를 세워 전주에 도읍을 정한 후 방어를 위해 동쪽 기린봉에 동고산성을 쌓았고, 노령산맥의 산간지대와 호남평야의 접경에 있는 고덕산에 남고산성을 쌓았다고 전한다. 남고산성은 둘레가 3km 정도로 고덕산의 서북쪽 골짜기를 에워싼 포곡식 산성으로 서쪽에는 구이저수지에서 내려오는 물길과 동쪽에는 한벽당을 돌아내려오는 전주천이 천연 해자 역할을 하고 있는 천혜의 요새이다.

남고산성은 임진왜란 때 전주부윤 이정란이 왜군의 침략을 막기 위해 성벽을 수축하였고 순조 11년(1811년)에 관찰사 이상황이 증축하기 시작하여 이듬해에 새로 부임한 관찰사 박윤수가 완료하면서 성의 이름도 남고산성이라 고쳐 불렀다. 그러나 그 당시 쌓은 성곽은 거의 다 허물어지고 복원한 성벽이 새 옷을 입고 고덕산 능선을 둘러쌓고 있다.

지금은 서문은 문루도 없이 기나긴 석재만 덩그러니 놓여있고, 서암문도 그 형태만 남아 있다. 포루는 각 방향으로 4개가 있었다고 하며 천경대와 만경대와 같은 높은 곳은 적의 동태를 조망할 수 있는 자연적인 요새를 이루고 있으나 세월을 이기지 못해 수축 당시의 위용은 찾아

남고산성 서문지는 화강암을 잘 깎아서 세웠다.

볼 수 없다.

성벽 답사길은 산책하기 좋은 오솔길

서포루대인 억경대를 올랐다. 성벽을 따라 오르는 길은 넓은 계단 형식으로 매우 가팔랐다. 조금 힘들긴 했지만 성벽이 잘 복원되어 그리 위험하지는 않았다. 그곳에 오르니 누군가 소원을 빌려고 쌓아 놓은 돌탑이 몇 개 있었다. 전주 시내 쪽을 바라보니 눈앞에 전주교대가 보이고 멀리 전주 시내가 한 눈에 들어왔다.

북쪽 성벽은 복원을 잘 해 놓아 답사길이 산책하기 좋은 오솔길처럼 만들어져 있었다. 다소 굴곡이 있고 경사도 있었지만 나도 모르게 휘파람을 불 정도의 아주 기분 좋은 길이었다. 중간에는 남고산성 잔존 여장 보존 구간이라 하여 복원하지

억경대에서 바라본
전주 시내

않은 옛날의 성벽 모습을 그대로 보존하고 있었다.

문터라고는 볼 수 없을 정도로 훼손되어 흔적을 찾을 수 없는 동문지를 지나 남쪽 성벽으로 향했다. 오솔길 사이로 사람 키만 한 성벽이 늘어서 있었다. 군데군데 성벽이 끊어져 있었고 복원되지 않은 성벽이 다시 이어져 있었다. 무너진 성벽으로 길이 나 있었고 그 길에 듬성듬성 성돌로 보이는 돌들이 오솔길에 여기저기 박혀 있었다. 주춧돌 같은 돌들이 늘어진 것을 보면 건물지 같기도 한데 안내가 없으니 그저 추정만 할 뿐이었다.

천경대로 향하는 길에도 복원되지 않은 성벽이 드문드문 있었다. 성벽은 잡목과 넝쿨식물이 가리고 있었지만 그런대로 예스러움을 찾아볼 수 있었다. 조상의 숨결이 남아 있는 것 같아 보기 좋았다.

천경대로 오르는 길에는 커다란 바위가 있었고 경사도 있어 어려움이 많았다.

바위를 이용하여
축성한 성벽

서암문지. 암문으로는
제법 큰 편이다.

힘겹게 도착한 천경대에는 넓은 공간이 있었고 조망도 좋았다. 천경대에서 서암문으로 내려가는 남측성벽은 경사가 매우 심했다. 깔끔하게 계단식으로 크지 않은 돌로 한층 한층 쌓아 성벽을 복원해 놓았다. 비록 내려가는 길이라 할지라도 긴장을 하면서 자세를 낮추어 내려갔다. 길 오른쪽으로는 전주 시내가 멀리까지 보였다.

서암문은 서문과 비슷한 모양을 하고 있는데 문 위에는 돌만 하나 걸쳐져 있었다. 주위에는 비석 여러 개가 서 있었다. 관찰사 아무개의 선정비는 바위에 직접 조각되어 있었는데 그 선정비에는 남고진이라는 글자가 선명하게 보였다. 조선 숙종 때 진이 설치되었다고 하니 아마 그 당시 이곳을 다녀간 관찰사의 선정비를 새겨 놓은 것 같았다.

서암문에서 만경대로 올라가는 길은 다시 오르막길이었다. 성벽 길은 경사가 무척 심했다. 성벽 사이로 커다란 바윗돌도 있고 누가 붙잡아 줘야만 오를 수 있을 정도로 위험스러웠다.

암벽을 이용한 축성

만경대에 오르니 사고 없이 오른 것에 대한 안도의 숨이 크게 쉬어졌다. 조심조심 오르다 보니 힘든 것마저 잠시 잊어버릴 정도였다. 시원한 바람을 쐬며 잠시 앉아 숨을 골랐다. 멀리 남쪽 봉우리인 억경대가 보였다. 서문에서 답사를 시작하여 이 곳 만경대에 도착하니 기분이 상쾌해졌다. 여러 종류의 나무도 있고 답사 길도 잘 정비되어 있어 보약 한재를 공짜로 먹은 것 같았다.

고려를 걱정하는 포은 애국시

만경대 근처에는 포은 정몽주의 시가 바위에 새겨져 있었다. 이 시는 황산대첩에서 왜구를 물리치고 대승을 거둔 이성계가 자신의 본향인 전주에서 전승 기념 잔치를 열었을 때 술을 마시고 잔치에 참석한 사람들에게 혁명을 일으켜 새 나라를 열 뜻을 나타냈다고 한다. 그 때 종사관으로 이성계를 따라온 정몽주는 앞길이 막막하여 그 자리를 나와 만경대에 올라 당시 서울인 개경을 바라보며 우국시를 읊었다고 전해온다. 다행히 안내문에 시의 전문이 있어 옮겨 놓는다.

정몽주의 시를 바위에 새겼다.

千刃崗頭 石經橫　천길 바위머리 돌길로 돌고 돌아

登臨使我 不勝精　홀로이 다다르니 가슴 매는 근심이여

青山隱約 扶余國　청산에 깊이 잠겨 맹세하던 부여국은

黃葉賓紛 百濟城　누른 잎 어지러이 백제성에 쌓였도다.

九月高風 愁客子　구월의 소슬바람 나그네의 시름 짙고

百年豪氣 誤書生　백년 기상 호탕함이 서생은 그르쳤네

天涯日沒 浮雲合　하늘 가 해는 지고 뜬구름 멋없이 뒤섞이는데

矯首無由 望玉京　하염없이 고개 들어 개경만 바라보네

이미 기울어져 가는 고려 왕조를 걱정했던 정몽주는 시를 읊으며 고려를 향한 자신의 충성심을 나타낸다. 그 후 정몽주는 이성계의 아들인 이방원에 의해 선죽

산성 안에 있는 남고사

교에서 살해당하고 만다. 정몽주가 근심 걱정에 싸여 먼 북쪽 개경을 바라보며 나그네의 깊은 시름과 같은 한숨지었던 만경대는 그대로 있는데 고려도, 조선도 다 역사의 뒤안길로 사라져 버렸다.

남고산성 안에는 문무왕 8년(668년) 고구려에서 귀화한 보덕화상의 제자 명덕이 창건한 남고사가 있고, 중국 촉한의 장수 관우를 무신으로 모시고 제사지내는 관성묘가 있다. 특히 물, 공기, 숲 등 세 가지 경치가 아름다워서 이름을 지었다는 삼경사는 비록 규모는 크지 않지만 둘러 볼만한 사찰이다.

남고산성은 전주 도심에서 가까워 찾기 쉽기 때문에 산성 답사의 목적이 아니라도 건강을 위해서 한 바퀴 도는 것도 괜찮겠다는 생각이 들었다. 기분 좋은 땀을 흘리고 전주남부시장에서 진동 콩나물국밥으로 입을 즐겁게 한다면 금상첨화가 될 것이다.

촉한의 명장 관우의 사당 관성묘

바위에 새겨 놓은 정몽주의 시를 소개해 놓은 안내판

나듬지 않은 돌로 쌓은 안흥진성 성벽

평안한 항해를 기원했던 안흥항지기

태안 안흥진성

충청남도 태안군 근흥면 정죽리에 있는 안흥성은 조선 효종 6년(1655년)에 쌓은 둘레 1,500m의 석성이다. 본래는 안흥진성이었는데 수군첨절제사가 배치되어 군사상 중요한 역할을 맡으면서 안흥성이라 부르게 되었다. 인근 19개 군민이 축성하였다. 충청남도 기념물 제 11호이다.

출처 안흥진성 안내판

선박의 안전 항해를 기원한 안흥항

바다가 가까워지자 비릿한 냄새가 풍겨왔다. 마음이 들뜨기 시작했다. 삶을 힘들게 만들었던 모든 것들을 푸르고 넓은 바다에 대고 실컷 고자질 해 보고 싶었다. 그러나 옳고 그름을 따지기 좋아하고, 도토리 키재기를 좋아하는 사람들과 조금은 다르게 살고 싶은 마음에 점잖게 헛기침을 몇 번 했다. 푸른 하늘 낮게 나는 갈매기가 '그래 안다. 알아. 너는 다르다. 그럼 다르고 말고.'라고 하면서 의미 있는 표정을 지으며 날아가는 것 같이 느껴졌다. 혼자만의 착각이리라. 하여튼 시원하다. 시원해. 이래서 사람들은 사시사철 바다를 찾나 보다.

안흥성 서문인 수홍루와
태안 앞바다

근래에 태안군은 신문지상을 두 번 크게 장식했다. 한 번은 근흥면 인근 해역에서 침몰한 고려 시대 선박에서 많은 수의 국보급 문화재가 발견된 기사였고, 또 하나는 서해안 기름 유출 사건이었다. 이 두 사건을 통해 알 수 있는 것은 이 지역 바다가 눈부시게 아름다운 해안 국립공원이면서도 안개와 암초 그리고 조류 등으로 인해 역사적으로 해난 사고가 많은 지역이라는 것이다. 그래서 예전에는 난행량이라 불렀다. 이것은 태안군 근흥면에 있는 안흥항의 이름과 무관하지 않다. 왜냐하면 고려 시대 중국으로 가는 무역선이나 조선 시대 때 남부지방에서 올라오는 조운선 운행의 안전을 빌기 위해 편안할 안(安) 흥겨울 흥(興)한 곳이라고 이름을 바꾸었기 때문이다.

안흥항 일대는 고려 시대부터 안흥정이라는 국제적인 객관을 두어 중국을 오가는 사신선과 무역선의 중간 기착지 역할을 해왔다. 조선시대에는 호남지방의 세곡을 한양으로 수송하던 조운선의 주요 기항지였기에 외교상, 군사상 중요한 지역이었다. 이런 중요한 장소를 지키기 위하여 안흥진성을 쌓았다.

해안 방어 및 조운선 호송을 위해 쌓은 성

안흥진성은 그 축성 과정이 효종실록에 잘 나타나 있다. 내용을 보면 경기도 선비 김석견이 해안 방어 및 조운선 호송 임무을 위해 안흥진을 축조해 달라고 조정에 상소를 올렸고, 시강원 이후원도 효종에게 안흥진 건립을 청하면서 "이 지역은 해곡(海曲)에서 수십 리 안쪽으로 삽입되어 있고 호서(湖西)로 통하는 한 가닥 길이 되기 때문에 군량을 저장하고 군대를 주둔시킬 수 있어 지금 진장을 가려서 둔 다음 지키기에 충분한 군사와 족히 지탱할 만한 군량을 대주는 한편 감사로 하여금 행영을 설치하여 수시로 순력하게 함으로써 유사시에 들어가 보전할 수 있는 곳으로 만든다면 뒷날 반드시 힘입는 바가 있게 될 것입니다."라고 하였다. 그러자 효종이 "계속 이런 의논이 있었으나 방금 영종에 진을 설치하였기 때문에 아울러 거행할 수 없었다. 그런데 지금 경의 말을 듣고서야 나의 뜻을 결정하였다. 다음 날

대신들과 의논하여 정하겠다." 왕은 조정의 의견을 듣고 충청감사에게 명하여 안흥진성을 쌓게 하였다고 전해 온다.

안흥진성은 효종 6년(1655년)에 둘레 1,500m, 높이 3.5m 돌로 쌓은 성으로 10년 동안 충청도 19개의 고을 사람들이 동원되어 축성하였다. 성안에는 동헌과 내아 그리고 각 관청들이 있는 읍성과 같은 형태로 3품 벼슬인 수군 첨절제사가 배치되어 군사상 임무를 담당했다. 성은 동문인 수성루, 서문인 수홍루, 남문인 북파루, 북문인 강성루가 있었으나 지금 성내시설은 갑오농민전쟁 때 불타버리고 서문인 수홍루와 성루가 없는 성문 그리고 성벽 일부만 남아 있다. 성벽은 아랫부분에 큰 돌을 사용하였고 위로 올라갈수록 크기가 작은 돌로 쌓았는데 성을 쌓은 돌에 담당한 고을 석공의 이름을 새겨 책임 있게 성을 쌓도록 했다고 한다.

성벽의 아래쪽은 큰 돌 위는 작은 돌로 쌓은 성벽

성곽이 무너져 내려
마치 토성처럼 보인다.

옛 모습은 사라지고 쓸쓸한 모습만 남아

안흥진성은 안흥항으로 가는 도로변에 있었다. 근래에 복원된 것으로 보이는 수홍루를 거쳐 북문 쪽으로 올라갔다. 언덕길을 오르니 태국사가 나타났다.

안흥성 안에 있는
태국사

태국사는 백제 무왕 34년 국태보안의 원으로 창건된 이래 조선조 세종대왕의 특명으로 중창되어 중국의 사신들이 무사 항해를 빌었다고 한다. 국난시 승병들을 관할하던 호국 불교의 요지가 된 역사적으로 유래가 깊은 사찰이다. 그 후 전란으로 불에 타 명맥만 유지해 오다 1982년에 중창하였다.

태국사 쪽으로 오르는 길에는 성벽은 없고 흙만 쌓여 있었다. 그리고 주변 이곳 저곳에 돌무더기가 보였다. 옛날 안흥성을 쌓았던 성돌들을 모아 놓은 것 같았다.

태국사 근처에 성벽이 보였다. 사람 두 길 정도 높이의 성벽은 관리하지 않은 것처럼 보였다. 성벽 주위에 여름내 자라난 잡초들이 서로들 키재기를 하듯 서 있었고, 간간이 불어오는 바람에 몸을 흔들고 있었다. 300여 년 전만 해도 많은 병사들이 돌아가면서 번을 섰을 텐데 무서우리만큼 적막감이 감돌았다.

북문은 초라했다. 예전에는 강성루라는 문루가 있었다고 하는데 암문처럼 크기가 작아 여러 사람이 왕래하기에 어려움이 많아 보였다. 북문 천장에는 커다란 돌 4개를 옆으로 올려 놓았는데 자세히 살펴보니 문틀이 두 개가 있었다. 이런 작은 문에 어떻게 문짝을 두 개나 달았을까 의아스럽게 바라보았다. 북문 밖으로 나가

안흥진성 안에 성돌들이 무더기로 쌓여 있다.

보니 저수지와 추수를 끝낸 논들이 평화롭게 보였다. 멀리 골프장도 보였다. 형형색색의 사람들이 움직이는 장난감처럼 골프치고 있었다. 순간 우리 나라가 태안(泰安)이란 말처럼 태평하고 안락하며, 우리 국민이 안흥(安興)이란 말처럼 편안하고 흥겹게 살았으면 좋겠다는 생각이 들었다.

북문에서 멀리 남문이 보였다. 남문은 해가 남쪽 방향에 있어 작은 점 하나가 눈이 부신 하늘 위에 붕 떠있는 듯 보였다. 남문으로 가는 길이 구불구불 성안 마을을 가로질러 나 있었다. 성안에 옹기종기 모여 있는 20여 채의 집들은 서로 다른 색의 지붕 때문에 마치 눈깔사탕처럼 보였다.

남문이 눈앞에 보여 가까운 줄 알았는데 보기와는 다르게 멀었다. 그 만큼 성이 크다는 것일까, 이마의 땀을 닦으며 남문 앞에 다다르자 갑자기 평소에 느껴보지 못한 강한 광선이 나를 감싸 앉았다. 마치 천당에 들어갈 때 눈이 부셔 앞을 제대로

예전에는 강성루라는 문루가 있었던 북문은 암문 규모로 작았다.

서해 바다를 등지고 선
안흥성 남문

보지 못하는 것처럼.

잠시 눈을 감았다가 다시 떴다. 남문 밖으로 나가니 눈앞에 펼쳐진 안흥 앞바다는 태양 빛이 반사되어 어디가 바다인지 어디가 하늘인지 분간할 수 없었다. 단지 하늘에 떠 있는 듯한 섬과 고기를 잡으러 나가는 어선이 그리는 흔적만으로 저기가 바다라는 것을 짐작할 수 있었다.

다시 찾은 태안의 건강한 웃음

안흥항으로 갔다. 옛날 중국 사신이 왕래하던 엄숙함은 찾을 수 없었고, 호남지방에서 올라오는 조운선을 지키는 삼엄한 경비도 없었다. 도서지방으로 관광객을 나르는 여객선도 신진항에 양보하여 번거롭지 않았다. 단지 주말 바다낚시를 즐기려는 사람들이 무거운 아이스박스와 낚싯대를 들고 서성거리는 모습만이 눈에 들

안흥성 남문으로 바라다보이는 안흥항 앞바다.

어왔다. 지금 막 낚시를 끝내고 돌아오는 낚시꾼들이 바다에서 대어와 싸웠던 무용담이 귓가를 스쳐 지나갔다. 나도 덩달아 기분이 좋았다.

한 때 기름 유출 사건으로 태안 주민들의 눈물이 방송을 적시고 있을 때 무척 마음이 아팠었는데 안흥항 여기저기에 웃음소리가 가득했다. 그 때의 아픔이 눈 녹듯 사라진 것 같아 마음의 짐이 다소 가벼워졌다. 어려울 때마다 국민의 힘이 하나로 모아지는 것을 볼 때 새삼 우리 민족은 위대하다는 생각이 들었다. 아직도 자원봉사자들에게 고마움을 표시하는 글귀가 눈에 띄었다. 앞에서 끌고 뒤에서 밀면 무엇을 이루지 못하겠는가? 조상들이 피땀 흘려 지켜온 우리나라를 발전된 모습으로 후손들에게 물려줘야겠다는 생각을 하면서 주먹을 불끈 쥐었다. 누구나 이런 생각을 하면 잠시 애국자가 되나보다. 서쪽 바다 뒤편으로 뉘엿뉘엿 넘어가는 태양을 보며 소리 없는 미소를 지어보았다.

소나무와 어우러진 남포읍성 성벽

충청수영과 서해안 방어진지

충청남도 보령시 오천면 소성리에 있는 충청수영성은 서해로 침입하는 외적을 막기 위해 쌓은 석성이다. 조선 중종 4년(1509년)에 충청수영의 외곽을 두른 1,650m의 장대한 성으로 자라모양의 지형을 이용하여 치성과 곡성을 둔 해안방어의 요충지이다. 사적 제 501호이다.

출처 충청수영성 안내판

서해바다를 지키는 해군사령부 충청수영성

보령시는 충청남도의 서남쪽에 위치하고 있으며, 조선 세종 때까지 보령현, 남포현으로 나뉘어 있었다. 보령현은 홍성에 속해 있었고, 남포현은 공주에 속해 있었다.

보령은 서해 바다를 끼고 있어서 항상 왜구들의 침입이 빈번해 백성들의 피해가 심한 지방이었다. 그래서 두 현의 현감은 주로 무관직이 배치되게끔 병조, 지금의 국방부와 협의하여 임명하도록 경국대전에 명시되어 있다고 한다.

지금 행정구역으로 보령시 오천면에는 조선 초기에 왜구의 침입을 대비하여 충

충청수영성 성벽에서
바라다보이는 서해 바다

청수영을 설치하였다. 충청수영은 이순신 장군이 지휘하던 전라좌수영과 같은 충청 지역 해군사령부이다. 보령 지역에 수영이 설치된 것을 보면 이곳에 왜구의 침입이 얼마나 심했는지를 알 수 있다.

충청수영 주위의 빈민을 구제하던 진휼청

충청수영성은 서해로 침입하는 외적을 막기 위해 조선 중종 4년(1509년) 수군절도사 이장생이 쌓은 충청수영의 외곽을 두른 1,650m의 성곽이다. 이곳의 지형은 자라 모양으로 이를 잘 이용하여 높은 곳에 성곽을 쌓아 바다와 섬의 동정을 살피는 해안 방어 요새로 활용하였다.

옛날에는 4대 성문과 소서문이 있었고, 성안에는 동헌을 비롯하여 여러 건물이 있었다고 한다. 지금은 흉년이 들면 관내 빈민들의 구제를 담당하던 진휼청이 정면 5칸, 측면 2칸의 건물로 남아 있을 뿐이다. 그러나 서문인 망화문은 비록 문루는 없어졌지만 무지개 모양으로 쌓은 홍예문 석재가 매우 커서 이것만 보더라도 성의 규모를 가늠할 수 있다.

수영성 바로 아래 오천항은 백제시대 때부터 중국과 교역을 하던 항구로 회이포라 불렀다. 고려시대 때 왜구의 침입을 막기 위해 많은 군선을 보유하고 있었다고 전한다. 조선 초기에는 군선 1백여 척, 수군이 8천여 명에 달했다고 하니 지금 작은 포구로 변한 오천항의 옛 모습을 상상하기가 쉽지 않다.

충청수영성 서문인 망화문에는 문루가 없다.

충청수영성은 성 안으로 도로가 생겨 원형이 많이 파괴되었으나 바다와 인접해 있는 곳과 내륙에서 바다 쪽으로 뻗어 내린 높지 않은 산 능선에 축성한 성의 흔

충청수영성에 남아 있는
옛 성벽

적을 찾을 수 있었다.

서문에서 진휼청 방향으로 쌓은 성곽은 해안과 가깝게 접해 있었다. 이 부분은 벽돌보다 조금 큰 크기의 돌을 깎고 다듬은 석재를 사용하여 복원해 놓아 옛 모습은 찾을 수 없고 마치 길이가 긴 축대처럼 보였다.

성벽을 따라 위쪽으로 가다보니 오천에서 주포로 가는 도로가 보였다. 이 도로는 충청수영성의 중앙을 가로질러 설치되어 있었다. 도로 건너편 나지막한 능선에 끊어진 성벽이 보이고, 충청수영객사 건물이 눈에 들어왔다. 성곽은 작은 바위 정도의 큰 돌을 다듬어 아주 견고하게 쌓았다. 해안을 통해 능선 쪽으로 공격해 오는 적을 방어하기 용이하도록 지형에 맞게 축성한 것을 보니 성을 쌓을 때 고심을 많이 했으리라 추측할 수 있었다.

충청수영객사는 서문 근처 오천초등학교 자리에 있던 것을 현 위치로 옮겨 놓았는데 다른 지역 읍성의 객사와는 다르게 정면 4칸, 측면 2칸의 작은 건물로 6칸은 누각처럼 사방 문이 없고, 2칸만 벽체를 둘러놓았다. 이곳에서는 수군절도사가 매달 초하루와 보름에 대궐을 향해 예를 올렸으며, 중앙에서 내려오는 관리들의 숙소로도 사용하였다.

왜구의 침입을 대비한 보령읍성

충청수영성에서 서쪽으로 9km 정도 가면 주포면 보령리에 보령읍성이 있다. 이 지역에는 고려 말에 왜구의 침입을 대비하여 쌓은 봉당성이 있었으나 지세가 낮고 좁은 데다가 험준하고 물이 부족하여 성의 역할을 제대로 하지 못하였다. 세종 12년(1430년) 도순찰사 최윤덕장군의 건의로 400m 떨어진 곳에 예전부터 있었던 성을 보강하여 보령읍성을 완성하였다고 한다.

보령읍성 남문인 해산루

보령읍성 남문 좌우측은 안팎을 돌로 쌓아 올렸고, 나머지 성벽은 바깥쪽만 돌로 쌓아 올렸다. 성의 둘레는 633m이며 높이는 3.6m이다. 성벽에 달라붙은 적을 측면에서 공격하는 시설인 적대가 8개소가 있었고, 남, 북, 동쪽에 문이 있었으며, 우물이 3개소 있었다고 한다.

읍성을 축성할 당시에는 140여 칸의 건물이 있을 정도로 큰 규모였으나 임진왜란과 조선시대 말 의병 전쟁을 거치면서 훼손되어 남아 있지 않고, 남문인 해산루와 서쪽과 북쪽 성벽이 보존되어 있었다. 성의 방어시설인 해자도 있었으나 지금은 논밭으로 사용되고 있었다.

보령읍성은 주포초등학교와 보령중학교에 자리를 내어 주었고, 복원한 성벽도 초등학교 울타리로 보일 정도였다. 성벽 앞에 관찰사, 군수, 현감의 영세불망비가 병사들이 도열하듯이 서 있어 읍성의 옛 모습을 추측할 뿐이었다.

보령읍성의 복원한 성벽

성곽 앞에 노인회에서 세워 놓은 보령리 안내문을 읽어보니 '동쪽에 우뚝 솟은 진당산을 주산으로 하고, 배재산 연봉이 동쪽을 에워싸고 나지막한 뒷뫼 능선은 북쪽을 감싸고 있으며, 서쪽은 넓고 기름진 들판이 훤하게 트여 있으면서 봉당천이 남쪽으로 흐르고 있으니 평화롭고 살기 좋은 마을'이라고 하였다. 그래서 '국가 변란이나 천재지변도 없는 복 받은 고장'이라고 자랑하는 문구가 쓰여 있었다. 아마도 왜구의 침입을 대비하여 유비무환으로 성을 쌓아 살기 좋은 마을이 되지 않았나 생각해 보면서 성곽은 쌓을 때는 힘들고 어렵지만 생존과 직결된다는 사실을 확인할 수 있었다.

보령의 남쪽을 지킨 남포읍성

보령읍성에서 남쪽으로 10여 km 내려가면 남포읍성이 있다. 남포현은 고려시대인 1380년부터 1390년까지 10년 동안 왜구의 침략으로 피해를 많이 보았다. 이때 남포에 침입한 왜구를 물리치기 위하여 중앙에서 군대를 파견하였다. 그러나 남포 전투에서 패배하여 이 지역은 더 많은 피해를 보게 되었다. 그래서 왜구로부터 백성들을 보호하기 위해서 남포읍성을 쌓았다.

남포읍성은 고려 우왕 때 석성을 쌓기 시작하여 공양왕 2년(1390년) 완성한 후 군영을 설치하였다. 조선 태조 6년(1398년)에는 종 5품의 현령 대신 종 3품의 병마첨절제사의 무관직으로 남포현을 다스리게 하여 왜구의 침략을 두려워하는 민심을 안정시켰다.

남포읍성 성곽. 안쪽 부분은 흙으로 쌓았다.

남포읍성은 평지에 쌓은 정방형의 석성으로 남, 서, 동쪽 성벽에 문지가 있었다. 문지에는 옹성의 흔적이 발견되는데

남포읍성 옛 성벽 기초를 튼튼히 하기 위해서 아랫부분에는 큰 돌을 사용하였다.

남문지에 가장 잘 남아 있었다. 성벽의 모서리에는 각각 치성을 돌출시켰다. 서북쪽의 치성이 5m 정도로 가장 높게 보였고, 동북치성은 복원되어 치성의 옛 모습을 추측할 수 있었다.

읍성의 길이는 825m로 규모가 그리 크지 않았다. 축성방식은 기단석을 10cm 앞으로 나오게 쌓아 성벽의 기초를 단단히 하였고, 그 위에 다듬지 않은 돌들을 20단에서 25단 정도로 쌓아 올렸다. 1m 이상의 큰 돌을 기단석으로 쌓아 지금까지 성곽이 잘 남아 있는 것 같았다.

읍성 안에 건축물로는 남포 관아 입구 문인 진서루와 동헌이 있었다. 진서루는 서쪽을 향하고 있는 2층 누각 모양의 목조 건물이다. 기단 위에 장초석을 놓고 그 위에 기둥을 세워 하층은 삼문을 만들어 출입구로 사용하였고 2층은 누마루를 설치하여 난간을 둘렀다.

동헌 건물은 진서루 뒤쪽에 자리하고 있었다. 입구는 대갓집 대문처럼 솟을대

남포읍성 관아문인
진서루

문을 만들어 옥산아문이라는 현판을 걸고 있었다. 내삼문 안에 있는 동헌은 정면 7칸 측면 3칸으로 비교적 큰 건물이었다. 정면 중앙에는 넓은 대청이 있었고 좌우측에는 온돌방을 두었다. 다른 현청의 동헌보다 규모가 큰데 그 이유는 아마도 다른 현청과는 달리 종 3품의 병마첨절제사가 집무를 보기 때문일 것이라는 생각이 들었다.

남포읍성은 동벽과 서벽 일부와 북벽은 복원을 한 상태이며 남벽은 많이 훼손된 상태였다. 성안은 남포초등학교가 반 이상을 차지하고 있었고, 나머지는 밭으로 개간되었다. 군데군데 세월을 가늠할 수 있는 고목들만 외롭게 서 있었다.

성곽터마다 들어선 초등학교

보령지방은 서쪽에 바다를 끼고 있어서 왜구들의 침입을 많이 받았다. 그러다 보니 다른 지역보다 성곽이 많이 남아 있다. 그러나 성곽의 원형은 많이 훼손되었고, 게다가 일제시대 때 민족혼을 없애기 위해 관아 건물을 교육기관으로 바꾸어 버렸다. 답사한 3개의 성곽에도 어김없이 초등학교가 있어서 유적의 모습을 바꾸어 놓았다. 경제적 여건이 허락된다면 초등학교를 근처로 옮기고 유적의 본래 모습을 찾아 길이 후손들에게 역사의식을 일깨워 주는 나라 사랑 교육의 장으로 활용하면 좋겠다는 생각을 해 보았다.

서문 진서루 설경

성밟기 풍속이 남아 있는 읍성

고창 고창읍성

전라북도 고창군 고창읍 읍내리에 있는 고창읍성은 조선 단종 원년(1453년)에 왜침을 막기 위하여 유비무환의 슬기로 축성한 자연석 성곽이다. 둘레는 1,684m이고 모양성이라고도 부르며 호남 내륙을 방어하는 전초기지로 만든 읍성이다. 사적 제 145호이다.

출처 고창읍성 안내판

호남 내륙을 방어하는 전초기지

고창은 예로부터 의와 예를 숭상하는 전통적인 선비의 고장이자 명승고적을 많이 간직한 아름다운 고장이다. 이 고장의 가장 큰 자랑거리의 하나가 고창읍성이다. 고창읍성은 백제시대 때 이 지역 이름을 '모량부리'라고 불렀기 때문에 모양성이라고도 부른다.

고창은 서해안을 끼고 있는 고장이라 항상 왜구들의 침입을 대비해야 하는 곳이었다. 서산을 지키기 위해 축성된 해미읍성이나 순천 앞 바다를 지키기 위해 쌓은 낙안읍성과 같이 고창읍성도 유사시에는 마을을 보호하는 군사 시설로 사용되

서문인 진서루와 고창 읍내 풍경

었고, 평시에는 고을 수령이 백성들을 다스리는 행정적인 역할을 했다.

15세기 초 조선은 왜구를 대비하기 위해 바닷가에 읍성을 축성하였다. 특히 세종부터 성종 때까지 고려시대 토성은 돌로 바꾸어 쌓으면서 크게 개축하였고, 읍성이 없는 곳은 새로 성을 쌓았다. 고창읍성도 이 시기인 단종 원년(1453년)에 왜침을 막기 위하여 전라도민들이 유비무환으로 축성한 자연석 성곽이다. 이 성은 장성의 입암산성과 연계하여 호남 내륙을 방어하는 전초기지로 만들어졌다.

실명제로 축성한 조선시대 대표적 읍성

1965년에 사적 145호로 지정된 고창읍성은 둘레가 1,684m, 높이 4~6m, 면적은 165,858㎡로 5만 평이 조금 넘는다. 동, 서 북문과 옹성 3개소, 치성 6개소를 비롯하여 성 밖의 해자 등 전략적 방어시설이 두루 갖추어져 있다. 성내에는 동헌과 객사 등 22동의 관아 건물이 있었으나 불타 버리고 1976년부터 하나하나 제 모습을 찾기 위해 복원해 오고 있다.

고창읍성을 축성할 때 가깝게는 김제부터 멀게는 제주도에서 성쌓기에 참여하였다. 축성 당시 각 고을 사람들은 자기들이 쌓은 구간과 고을 이름을 성벽에 새겨 두었는데 지금의 구간 실명제이다. 이 구간 표지석은 오랜 세월이 지나는 동안 일부가 훼손되어 잘 보이지 않아 문헌과 현장 조사 자료를 참고하여 축성 구간을 찾아 고을 표지석을 새로 만들어 놓았다.

고창읍성 축성 고을 표지석. 영광에서 시작했다는 표시

읍성의 정문인 공북루는 다른 읍성과 차이가 있었다. 주출입구인 성문은 주로 무지개모양으로 만든 석문 위에 문루가 들어서 있는 것이 일반적인데 공북루는 성벽 사이에 문이 없이 이층 누각 모양의

성문을 돌로 쌓지 않고
누각을 설치한 북문인
공북루

문루를 세워 아래층을 출입문으로 사용하고 있었다. 문루 앞에 항아리 모양의 옹성이 있어 성문 방어가 용이하기 때문에 따로 성문을 만들지 않았는지 다른 읍성의 주 출입문에 비해 조금은 허술하게 보였다.

고창읍성 옥사.
성문 입구에 있다.

공북루를 살펴보면 기둥이 12개인데 받치고 있는 주춧돌의 높이가 각양각색이다. 앞쪽은 낮은 주춧돌이고 뒤쪽은 돌기둥인데 높이는 다 다르다. 왜 이렇게 축성했는가 생각해 보니 가공석이 아닌 자연석으로 쌓았다는 안내문의 문구가 생각이 났다. 성벽도 자세히 보니 다듬은 돌로 질서 있게 쌓지 않고 규격이 없는 큰 돌과 큰 돌 사이에 작은 돌을 끼워 넣는 식으로 성을 쌓았다. 아마도 공사기간을 단축하고 드는 비용을 줄이기 위한 방편으로 이렇게 쌓은 것 같았다.

성문 왼쪽으로 옥사가 있었다. 옥은 죄인을 가두는 곳으로 감옥 또는 원옥이라 하였다. 조선시대의 옥은 동쪽 칸과 서쪽 칸에 남자와 여자를 구분하여 가두었고 높은 담을 쌓았다. 옥의 위치가 성문 입구에 있는 것은 통행이 많은 곳에 옥을 두어 죄를 짓지 말라는 경각심을 불러일으키기 위한 것으로 보였다.

아름다운 고창읍성 성벽길

옥사 뒤쪽의 성벽길은 옛 건설교통부가 선정한 한국의 아름다운 길 100선 중의 하나이다. 성벽 옆으로 난 길을 따라 오르면 노송이 고개를 숙이고 도열해 있는데

고창읍성 성벽길은 한국의 아름다운 길 100선 중에 하나다.

소나무가 무성한
읍성길

은은한 먹향을 뿜어내고 있어 숨을 깊이 들이마시니 봄속에 있는 노폐물이 다 빠져나갈 정도로 상쾌했다. 성벽길은 꼬불꼬불 재미있게 만들어져 있었고 힘들지 않을 정도의 높낮이가 있어 걷기에 무리가 없어 보였다. 겨울에도 푸르름을 잃지 않는 소나무가 자연스럽게 자라고 있어 주위 풍경을 음미하면서 두 사람이 도란도란 정담을 나누면서 산책하기에 알맞은 길이라는 생각이 들었다.

동문인 등양루는 정문인 공북루처럼 옹성이 있지만 크기는 조금 작았다. 지붕에 소복이 쌓인 눈과 소나무에 둘러싸여 있는 풍경은 마치 한 폭의 동양화처럼 보

동문인 등양루 앞에
옹성이 있다.

동문 등양루 설경(밖)

였다.

성벽길에서 내려와 산책길로 접어들자 소나무 사이에 객사가 나타났다. 객사는 조정에서 파견된 관원들의 숙소로 사용되는 지금의 관사인데 '모양지관'이라는 현판을 달고 있었다. 객사 중앙에 지붕이 높은 건물 있고 좌우측으로 지붕이 낮은 건물이 연결되어 있었다. 중앙 건물에서는 임금님을 상징하는 전패를 모시고 매월 초하루와 보름날 그리고 나라에 경사가 있을 때 대궐을 향하여 예를 올렸다.

동문 등양루 설경(안)

객사 옆에는 조정에서 파견된 수령이 정무를 보던 건물인 동헌과 동헌 옆에 살

규모가 웅장해서
드라마 배경으로 자주
등장하는 객사

림집인 내아가 있었다. 동헌에는 평근당이라는 현판을 달고 있는데 이는 백성들과 가까이 지내면서 고을을 평안하게 잘 다스린다는 뜻을 갖고 있다. 또한 지방 수령들이 목민관의 역할을 잘 하라는 경계의 의미도 담고 있다는 생각이 들었다.

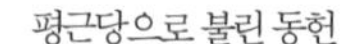

평근당으로 불린 동헌

내아에는 'ㄱ'자 모양의 건물로 안채와 사랑채가 붙어 있는 규모가 그리 크지 않은 건물이다. 1987년에 발굴 조사하여 1989년에 원 모습으로 다시 지었는데 옛날 양반들이 내아 누마루에서 술 한 잔에 시 한 수를 읊는 모습을 인형으로 만들어 또 다른 볼거리를 만들어 놓았다.

이 밖에도 이방과 아전들이 소관업무

를 처리하던 작청과 병방과 군교들이 군무를 보살피던 장청, 지방 수령의 자문, 보좌하던 자치기구인 향청, 그리고 2층 누각인 풍화루 등의 건물들이 복원되어 민초를 다스리는 행정관서로서의 조선시대 읍성 모습을 갖추고 있었다.

지방관의 살림집 내아

무병장수한다는 답성놀이

고창읍성은 모양성제로도 유명하다. 모양성제는 매년 음력 9월 9일을 전후로 열리는 축제로 여자들이 돌을 머리에 이고 성밟기 풍속이 진해 온다.

성밟기 풍속은 답성놀이라고 하는데 성을 한 바퀴 돌면 다리병이 낫고, 두 바퀴 돌면 무병장수하며, 세 바퀴 돌면 저승길이 훤히 트여 극락에 갈 수 있다는 것이다. 그래서 예전에는 먼 지방에서도 많은 여자들이 모여들었다고 한다. 성을 다 밟은 후에는 머리에 이었던 돌을 성 입구에 쌓아두도록 하였다. 이 답성놀이는 겨우내 얼어붙은 성을 다지고 유사시에 돌을 무기로 사용하려는 조상의 슬기가 담긴 놀이라 할 수 있다.

고창읍성 성벽길은 대략 1.7km로 한 바퀴 도는 데 30분 정도 걸리는데 답사하던 날은 눈이 많이 쌓여 천친히 돌다 보니 1시간 정도 걸렸다. 오히려 천천히 걷다 보니 더 많은 부분을 본 수 있었다. 눈이 쌓인 길을 안내해 주면서 동행이 되어 준 나이 지극한 어르신께서는 눈이 오나 비가 오나 고창읍성을 매일 한 바퀴씩 돌아 건강을 유지하신다고 말씀하신다. 시끄러운 속세를 떠나 아무 거리낌 없이 조용하고 편안하게 산책하는 어르신의 모습이 너무 부러웠다. 어르신께서는 봄에 철쭉이 피었을 때 꼭 한 번 다시 와 보라고 권하고는 손을 꼭 쥐셨다. 내년 봄에 다시 찾기를 기약하며 아쉬운 발길을 돌렸다.

험한 산 중턱까지 쌓은 덕주산성 성벽

4겹으로 축성한 난공불락의 산성

제천 덕주산성

충청북도 제천시 한수면 송계리에 있는 덕주산성은 월악산 남쪽 기슭에 있는 상덕주사를 중심으로 하여 그 외곽을 여러 겹으로 둘러쌓은 석축산성이다. 상성, 중성, 하성과 남문과 북문을 이루는 관문형식의 외곽성 등 4겹으로 이루어진 매우 큰 규모의 석성이다. 충청북도 기념물 제 35호이다.

출처 덕주산성 안내판

망국의 한이 담겨있는 덕주산성

신라는 후백제의 침공으로 경애왕이 죽고, 경순왕이 권좌에 올랐지만 이미 국력은 쇠퇴하고 국가의 기능은 거의 마비되고 말았다. 날이 갈수록 살기 어려워진 신라 백성들의 민심이 고려로 기울자 신라 마지막 왕 경순왕은 935년 군신회의를 소집하여 고려에 귀순할 뜻을 밝혔다. 태자 김일은 천년 사직을 고려에 그냥 넘긴다는 것은 있을 수 없는 일이라고 강력히 반대를 하였다. 그러나 경순왕의 뜻을 꺾지 못했다.

이에 태자는 신라 국권을 회복하기 위하여 병사를 양성하고자 금강산으로 떠났

막돌을 사용하여 성벽을 쌓았다.

다. 덕주공주도 망국의 한을 안고 떠나는 오빠의 뒤를 따라 나섰다. 오누이는 제천 월악산에 도착하여 잠시 머물고 있는데 하루는 두 사람 꿈속에 부처가 나타나 이곳에 미륵불을 세우고 북두칠성이 마주 보이는 영봉을 골라 마애불을 조성하여 만백성에게 자비를 베풀라는 말을 하고 사라졌다. 똑 같은 꿈을 꾼 남매는 기이하게 여겨 오빠인 태자는 충주시 수안보면 미륵리에 석불을 조성하고, 동생인 덕주공주는 충청북도 제천시 한수면 송계리에 절과 마애불을 세웠다. 태자는 백성들에게 사죄하는 마음으로 엄동설한에도 삼베옷을 걸치고 망국의 한을 달랬는데 이때부터 마의태자라 부르게 되었다. 덕주공주는 덕주산성에 있으면서 덕주사를 창건했다고 전해져 내려온다.

4겹의 성곽으로 큰 규모의 산성

덕주산성은 월악산 자락에 쌓은 석축산성으로 백제의 옛 성이라 한다. 성곽은 상덕주사를 중심으로 여러 겹으로 쌓았는데 둘레는 약 2km이며, 성벽은 화강암 사연석을 약간 다듬어 높이는 부분마다 다르지만 대략 2m 정도 쌓았다.

모두 4겹으로 규모가 큰 덕주산성은 상덕주사 주변에 쌓은 성곽이 제 1곽인 상성이고, 상, 하 덕주사를 둘러싼 성곽이 제 2곽 중성이며, 이 두 성곽 밖으로 쌓은 또 하나의 성이 제 3곽 하성이다. 그리고 송계계곡인 월천의 남쪽을 막아 쌓은 문과 북쪽의 문이 제 4곽인 외곽성이다.

고려 고종 때 몽고가 이곳을 침입해 오자 백성들은 덕주산성으로 피신하였다. 몽고병이 공격을 시작하려할 때 어디선가 검은 구름이 몰려오고 비와 우박이 쏟아졌다. 갑자기 일어난 믿지 못할 일들로 몽고병들은 이 지역을 지키는 수호신이 노하셔서 이런 일이 발생했다고 생각하고는 달아났다는 전설이 전해져 내려온다.

덕주산성은 조선 중종 때에는 성곽을 증축했고, 임진왜란 때에는 호국의 역할을 하였다. 또 이곳은 조선 말기에 동학운동 강경파 지도자의 최후 항쟁지였으며, 대원군과 권력 투쟁을 하던 명성왕후가 만일의 사태를 대비하여 월악궁을 지으려

무너진 성벽의 잔해

했다. 6·25 때는 빨치산의 근거지였는데 1951년 빨치산을 소탕하기 위해 포격을 가해 덕주사가 소실되는 아픔을 겪은 다사다난한 장소이기도 하다.

덕주산성이 이렇게 역사 속에 자주 등장한 것은 바로 지리적 요인 때문이다. 북쪽으로 남한강이 흐르고 남쪽으로는 하늘재가 있어 영남과 충청지역을 연결하는 교통의 요지를 지키는 군사적 요충지이기 때문이다. 또 송계 계곡이라는 긴 계곡과 월악산이라는 높은 산이 있어 이를 이용하여 축성한 산성이라 적군이 쉽게 공격하기 어려운 난공불락의 요새이기에 전란이 발생하면 피난처로서 역할이 무척 컸다.

지금 성벽은 거의 무너져 없어지고 남문 근처의 외곽성과 동문 근처의 중성 일부 그리고 마애불 근처 상성의 일부분만이 성의 형태를 알아볼 수 있다.

성벽과 조화를 이루지
못하는 동문 덕주루

역사 속으로 사라진 난공불락의 명성

덕주산성 답사는 망폭대 근처의 남문에서 시작하였다. 남문은 송계계곡의 관문 역할을 하는 문으로 무척 웅장하게 보였다. 잘 다듬은 큰 돌을 블록 쌓듯이 차곡차곡 쌓고 문은 홍예문을 만들었다. 문루는 소실된 것을 복원하였는데 정면 3칸 측면 2칸의 1층 우진각 지붕을 하고 있고, 월악루라는 현판을 걸고 있었다. 마치 국보 1호 숭례문에서 지붕 한 층이 없는 모양이었다.

성문 좌우측으로 복원한 성벽이 늘어서 있었다. 망폭대 쪽으로는 짧게 복원되었지만 그 반대쪽 성벽은 매우 길게 급경사를 이루며 계단 모양으로 복원하였다.

동문을 찾았다. 덕주사 들어가는 길가 왼쪽의 암벽에 기대어 축성되어 있었다. 역시 홍예문 모양으로 축성하였는데 낡은 빛의 옛 돌과 밝은 빛의 새 돌이 섞여 있었다. 복원할 때 옛돌을 그대로 사용한 모양이었다. 동문루는 남문루보다는 규모가

지형지물을 이용하여
축성한 덕주산성 성벽

작았다. 정면 3칸 측면 1칸으로 세웠고 덕주루라는 현판을 달아 놓았다. 멀리서 보면 남문에 비해 크기도 작지만 모양도 균형이 맞지 않아 위압감을 주지 못했다.

동문은 덕주사로 오르는 계곡을 지키며 중성을 차단하는 덕주산성 최후의 보루 역할을 하는 문이다. 남문은 남쪽인 문경 쪽에서 공격하는 적을 막고, 북문은 북쪽인 충주 쪽에서 공격해 오는 적을 방어하도록 축성되어 있는데 이 두 문이 무너진다면 마지막으로 동문에서 적병을 최후로 방어하도록 축성되었다.

동문을 지나면 현재의 덕주사와 소실된 덕주사 터가 나타난다. 덕주사의 옛 터에는 돌로 된 주초석만 여기저기 남아 있었다. 특이한 것은 안내판이 없으면 무슨 돌인지 모를 남근석 4개가 불규칙하게 놓여 있었다. 월악산이 음기가 강해 이를 누르고 치성을 드리면 아들을 낳을 수 있다는 속설이 전해 온다.

또 다른 이야기는 덕주공주의 염원이 나타난 것이라는 이야기도 전해진다. 이 남근석에 치성을 드려 아들을 많이 낳으면 그 남자 아이들이 자라 신라를 되찾는 군사가 될 것을 기대하며 세웠다고 하는데 후세 사람들이 만든 이야기로 생각되었다.

덕주사를 지나 마애불로 올라가니 성곽이 보였다. 마지막 성인 내성이었다. 내성은 계곡으로 뻗어 내린 곳에 지형을 이용하여 성벽을 쌓았다. 근처에는 산과 바위로 막혀있어 공격하는 적을 용이하게 방어할 수 있을 것 같았다. 계곡 쪽으로는 문과 수문의 흔적을 찾을 수 있었다.

마지막 북문은 송계계곡 따라 한참을 내려가면 민가가 나오는데 북문은 이 민가 근처에 성벽이 없이 성문과 문루만 복원되어 있다. 월악루인 남문과 규모와 모양이 흡사하며 북정문이란 현판을 달고 있었다.

북문도 남문처럼 계곡을 방어하는 관문 역할을 했다. 북쪽으로 조금만 가면 남한강이 나오는데 지금은 충주댐을 만들어 통행이 불가능하지만 옛날에는 남한강이 수송로 역할을 했기 때문에 강을 타고 공격하는 적을 방어하기 용이한 곳에 축성되어 있었다.

마의태자와 덕주공주의 망국의 한이 담겨져 있는 덕주산성. 역사의 소용돌이 속에서 여기 저기 상처를 입은 채 덩그러니 서 있었다. 여러 겹으로 축성한 난공불락의 명성은 이제 역사 속에 묻혀버리고 그저 무심한 돌덩이처럼 자리를 지키고 있었다. 여름에는 더위를 잊기 위해 깨끗한 물이 흐르는 송계계곡을 찾는 관광객과 가을에는 오색 단풍으로 물드는 월악산 등산객이 안내판을 읽고는 관심 없는 표정으로 그냥 스쳐 지나가고 모습이 눈에 띄었다. 지나간 역사는 오늘의 역사를 있게 만들어준 토대이다. 특히 아픔이 묻힌 장소에서는 한 번 정도 옷깃을 여미는 마음가짐을 가지는 것이 조상의 넋을 위로하는 최소한의 예의라는 생각을 하며 발걸음을 돌렸다.

한쪽 만 돌로 쌓아 성 안쪽은 흙벽인 해미읍성

조상의 숨결이 남아 있는 역사의 현장

서산 해미읍성

충청남도 서산시 해미면 읍내리에 있는 해미읍성은 왜구를 방어하기 위하여 조선 태종 17년(1417년)부터 세종 3년(1421년)까지 덕산에 있던 충청병마도절제사영을 이곳으로 옮기면서 축성하였다. 둘레 1,800m이며 낮은 산과 평지에 쌓은 평산성이다. 사적 제 116호이다.

출처 해미읍성 안내판

충청병마절도사영이 있던 군사 중심지

서산 해미는 서쪽이 평야지대로 바다와 인접해 있고, 동쪽과 북쪽은 그리 높지 않은 산들이 둘러싸고 있다. 백제의 우견현이었다가 고려시대에 와서 정해현이라 불렀다. 조선 태종 7년(1407년) 정해현과 여미현 등 두 개의 현을 합하여 한 개의 현을 만들면서 '해'자를 따고 '미'자를 따서 '해미'라는 지명을 얻게 되었다.

해미읍성은 산에 쌓은 산성이 아니라 해안에서 가까운 곳에 쌓은 평지성이다. 현재 우리나라에 남아 있는 읍성 중 그 원형이 잘 남아 있어서 조선시대 읍성 연구에 귀중한 자료가 되는 성이기도 하다.

고려시대 말기 정치적으로 혼란한 시기를 틈타 왜구들이 자주 서해안을 침입하여 막대한 피해를 입혔다. 조선이 건국되고 나라가 정치적으로 안정되자 태종은 백성의 생명과 재산을 보호하기 위해서 왜구에 대한 방비책으로 해미읍성을 축조하도록 지시하였다고 한다.

태종 17년(1417년) 성을 쌓기 시작해서 세종 3년(1421년)에 완성되자 그 당시 충청남도 덕산에 있던 충청병마도절제사영을 이곳으로 옮겨 충청병마절도사영으로 이름을 바꾸고 230여 년 동안 종 2품의 높은 벼슬의 무관인 병마절도사가 다스리게 했다. 작은 현이었던 해미는 많은 수의 병사들이 주둔하면서 충청도의 군사 중심지이자 치안 유지와 사회 질서 유지 기능까지 담당하는 중요한 지역으로 바뀌게 되었다.

전국에서 인력을 차출하여 공사 실명제로 축성하다

해미읍성은 둘레가 1,800m이며 높이가 4~5m로 밖은 돌로 쌓았고 안은 흙으로 쌓았다.

출입문은 현재 진남문인 남문과 동문, 서문이 있고, 성내에는 동헌과 내아 그리고 작청과 옥사 등이 있으며, 성곽 주변에는 해자가 설치되어 있다.

읍성을 쌓을 때 성돌에 청주, 충주, 상주, 제주, 연산, 공주, 부여, 서천 등의 지명을 새긴 것으로 보아 성을 쌓은 인력을 전국에서 차출하였고, 부실 공사를 막기 위해 실명제를 사용하였다. 해미읍성 진남루 성문 안쪽 인방석에는 붉은 글씨로 '황명 홍치 4년 신해조(皇明弘治四年辛亥造)'라고 각자되어 있다. 그 당시는 명나라의 연호를 사용하였는데 홍치 4년은 성종 22년(1491년)으로, 이 때 대대적으로 중수된 사실을 알 수 있다.

효종 2년(1651년)에 병마절도사영이 청주의 상당산성으로 옮겨가고 그 자리에

해미읍성 축성 연대는 명나라 연호를 사용하였다.

해미읍성 남문인 진남문. 병사들이 성문을 지키고 있다.

해미읍성 동문인
영양루

해미현 관아가 옮겨왔다. 문관과 무관을 겸직한 겸영장이 이 지역을 다스리게 되면서 호서좌영으로 규모가 축소되었고, 명칭과 역할도 바뀌었다. 그 후 일제 강점기인 1914년 행정구역을 군과 현으로 나눈 군현제가 폐지되어 서산군에 통합되면서 해미읍성 내의 관아 건물은 매각되고 훼손되었으며 성내에는 면사무소, 초등학교가 들어오고 민가가 하나 둘 씩 생겨나 군사시설이며 행정관서였던 해미읍성은 그 모습을 잃고 말았다.

현재 속에서 과거를 찾는 답사 여행

해미읍성 정문인 진남문 입구에 두 명의 조선 병사가 창을 들고 성문을 굳건히 지키고 있었다. 그런데 이것이 웬일인가 조선 병사가 안경을 끼고 있었다. 실례를 무릎 쓰고 카메라를 들이대자 얼굴을 돌렸다. 쑥스러운 모양이었다. 서산시가 해미읍성을 병영 체험 관광지로 개발하는데 많은 신경을 썼구나하는 생각에 미소가 떠올랐다.

해미읍성 옥사

정문인 진남문을 들어서니 1973년부터 복원된 건물들이 하나씩 둘씩 눈에 들어왔다. 정면에 보이는 호서좌영 오른쪽으로 옥사가 있었다. 그 안에는 조선시대 병사로 분장한 옥사 관리자가 감옥을 지키고 있었다. 마당에는 곤장 틀이 두 개가 있어 당시 옥사 모습을 보여 주고 있었다. 그 옆으로 민가가 복원되어 있었는데 한 집에는 동네 아낙들이 막걸리와 산난한 안주를 팔고 있었다. 날씨가 쌀쌀하여 한 잔 하고 싶은 마음도 있었으나 대낮부터 얼굴을 벌겋게 하고 다니는 것이 민망할 것 같아 마른 침만 꿀꺽 삼켰다.

호서좌영 출입문이 자못 웅장했다. 호서좌영이라는 한자 현판이 걸려 있고 문이 세 개인 삼문에 2층 누각으로 정면 3칸의 팔작지붕을 올렸다. 이 문은 호서좌영이기 전에 병마절도사영이 있었기 때문에 다른 현의 아문과는 크기에서 차이가 있었던 것으로 생각되었다.

해미읍성은 청주로 병마절도사영이 가고 호서좌영으로 군영이 축소되었다.

문을 들어서니 정면에 동헌이 보였다. 정면 5칸에 역시 팔작지붕을 올린 건물인데 입구가 커튼으로 가려져 있었다. 안내문을 보니 회의 장면을 볼 수 있다고 하여 버튼을 눌러 보았다. 커튼 안에는 겸영장과 군관들을 움직이는 인형으로 만들어 회의하는 장면을 재현해 놓았다.

조선 후기 통상을 요구하는 이양선에 대해 단호한 태도를 취하며 서양 세력과의 교역을 금지하라는 회의 내용과 천주

동헌에서 회의하는 모습을 인형으로 재현하였다.

교 포교를 막기 위하여 천주교도들에 대해 단호한 조치를 명하는 회의 장면을 인형으로 재현하여 역사를 배우는 학생들에게 좋은 볼거리를 제공하고 있었다.

성벽을 따라 걷다 보면 동문인 영양루가 있고 그곳을 지나 오르막길을 따라 가니 멋있게 자란 소나무들이 고개를 숙여 탐방객들을 맞이했다. 왼쪽으로 청허정이 홀로 서 있는데 그 단아한 모습은 군사 시설인 성곽에서 느낄 수 없는 여유로움이 보였다. 성벽을 따라 오르다 보니 왼쪽으로 해자가 눈에 들어왔다. 해자는 전쟁 시에 적군이 성벽을 타고 오르는 것을 방지하기 위해서 성 밖을 둘러 파서 만든 연못인데 해미읍성 해자는 돌로 쌓았다. 복원을 너무 잘해 놓아 고풍스러운 멋은 없고 그저 잘 정돈된 느낌이 들어 문화재라기보다는 장마 때 성벽 훼손을 막기 위한 구조물로 보였다. 오르막길이 끝나고 서문 쪽으로 내려가다 보면 활터가 보이고

해미읍성 회화나무. 조선말 천주교 신자들이 이 나무에 묶여 죽어갔다.

동헌과 내아 등 성안의 건물들이 질서 정연하게 있었다. 서문의 성벽 위에서는 왼쪽으로 조선시대 기와 지붕이, 오른쪽으로 현대식 건물들이 보여 과거와 현재를 짧은 시간에 볼 수 있었다.

장마때 성곽을 보호하기 위한 축내로 보이는 해자

천주교 박해 당시의 순교 성지

해미읍성은 조선 후기 천주교인들이 대량으로 처형당한 순교 성지이다. 병인양요와 1868년 오페르트가 흥선대원군의 아버지 남연군의 묘를 도굴한 사건으로 천주교 박해는 더욱 극심해 졌다. 이 때 해미읍성의 겸영장은 내포지방의 13개 군현의 군사권을 갖고 있어서 이 지역의 천주교도들을 잡아 해미읍성으로 끌고 와서 처형했는데 그 수가 1,000여 명 이상 된다고 한다.

해미읍성으로 끌려온 천주교도들은 회화나무에 철사줄로 묶여 고문을 받았으며, 서문 밖 돌다리 위에서 자리개질을 쳐서 죽이기도 하였다. 많은 인원들을 한 줄로 엮어 한꺼번에 생매장시키거나 물에 빠뜨려 수장시키기도 하였다. 천주교도의 순교의 모습을 지켜본 회화나무는 지금도 그 때의 사실을 증언하듯 서 있었다. 이런 순교의 역사 때문에 2014년 프란치스코 교황이 해미읍성을 방문하였다.

서산시는 해미읍성에서 매년 해미읍성병영체험 축제를 연다. 국내 유일의 병영테마 축제로 조선시대 병영 생활을 현장에서 직접 체험할 수 있다. 충청병마절도사의 출정식이나 조선시대 운동회는 역사적 고증을 거친 행사로 많은 볼거리를 제공해 준다. 선조들의 숨결을 느낄 수 있는 역사 체험은 자라나는 어린 학생들에게 조상의 지혜를 알려줄 수 있는 교육적 효과를 거둘 수 있다. 또한 활쏘기, 말타기, 널뛰기, 투호 등 아이들이 해 보지 못한 전통 놀이를 보는 데 만족하는 것이 아니라 직접 만져보고 타보고 던져보는 등 체험할 수 있어서 좋다. 햇볕이 좋은 날 가족끼리 나들이를 한다면 정말 볼 만한 곳으로 보람된 하루를 보낼 수 있을 것이다.

현무암으로 쌓은 제주 성읍

현무암으로 쌓은 제주도 읍성

제주특별자치도 서귀포시 표선면 성읍리에 있는 제주 성읍마을은 세종 5년(1423년) 성산읍 고성리에 있던 정의현청이 이곳으로 옮겨진 후 500년간 현청 소재지였다. 진사성이라고도 불렸던 마을과 현청을 둘러싼 정의성은 축성한지 5일 만에 총 둘레 2,986척(약 904m) 규모로 완성되었다. 중요민속자료 제 188호로 국가지정문화재이다.

출처 제주 성읍마을 안내판

신비의 땅 제주, 제주의 문화

제주도는 제주도만의 독특한 문화가 형성되어 지금까지 이어져 내려오고 있는 곳이다. 바다라는 거대한 장애물이 육지와의 교통을 어렵게 만들어 왕래가 쉽지 않았기 때문에 육지 문화가 제대로 전해지지 못했다. 제주도에 문화가 본격적으로 전해진 것은 고려 때 삼별초가 이곳으로 본거지를 옮긴 시기부터라고 전해진다. 그러나 삼별초군이 여몽 연합군에게 멸망당한 후 군마를 키우는 목장이 만들어져서 예부터 사람을 낳으면 서울로, 말을 낳으면 제주로 보내라는 속담이 생겨날 정도로 제주도는 말의 세상이었다.

제주 성읍의 출입구

제주도는 사람이 살기에 적합한 땅이 아니었다. 사람이 살기 어려우니 토착민을 제외하고는 죄 지은사람 만이 들어오는 유배의 땅이 되었다. 쉽게 오고 갈 수도 없는 땅이라 육지에서 본다면 눈물과 한숨의 땅이요, 갔다가 살아 돌아오기 어려우니 제주를 가본 사람이 적을 수밖에 없었다. 그러니 제주도는 자연히 신비의 땅으로 여겨졌다.

탐라국의 역사

태초에 제주도에는 사람과 가축과 곡식이 없었다. 어느 날 한라산 기슭 모흥혈에서 홀연히 세 신인이 솟아나왔다. 제일 먼저 고을나가 나오고, 다음이 양을나가 나오고 마지막으로 부을나가 나왔다. 이들은 용모가 비범하고 성품도 매우 좋았다. 가진 것이 없으니 사냥을 하며 어렵게 하루하루를 살아 갈 수밖에 없었다.

하루는 세 신인이 한라산에 올라가 멀리 바다를 바라보니 동쪽 해상에서 나무궤짝이 떠내려 와 그 곳으로 가보니 궤짝에서 옥함과 자주빛 옷을 입은 사신이 나왔다. 그는 세 신인에게 두 번 절하고 나서 자신은 벽랑국에서 온 사자인데 세 공주님을 모시고 왔으니 혼례를 치르고 대업을 성취하십시오라고 말하고는 사라져 버렸다.

옥함 속에는 푸른 옷을 입은 기품 있는 세 처녀가 있었고, 소와 말과 오곡의 종자가 들어 있었다. 세 신인은 이는 반드시 하늘의 우리에게 내려주신 것이라며 기뻐하였다.

이들은 하늘에 제사를 지내고 나이 순서에 따라 짝을 맞추어 혼례를 치르고, 활을 쏘아 살 땅을 정해서 살게 되었다. 각 지역에서 곡식을 심고 말과 소를 키워 날로 번성하여 드디어 촌락을 이루며 살게 되었다. 그로부터 9백년 후 부락을 잘 다스려 온 고씨를 추대하여 왕으로 삼고 국호를 탐라라 하였다.

그 후 탐라국은 신라에 입조하였고, 한 때는 백제에게 조공을 보내지 않아 침략당할 뻔 했었다. 이렇듯 삼국의 눈치를 보며 살아오다가 고려 숙종 10년(1105년)

제주 성읍의 성벽과
치성

고려에 복속되었다. 고려 조정은 제주도에 탐라군을 설치하고 중앙에서 파견한 관리로 하여금 이곳을 다스리게 하였다. 이로써 탐라국은 역사 속으로 사라지고 말았다.

제주를 지킨 성곽들

제주의 대표적인 관방유적으로는 조선 초기의 3성 9진을 들 수 있다. 그중 제주읍성은 탐라국 때 축성한 것으로 전해지고 있으나 확실하지는 않다. 태종 11년(1411년) 성곽을 보수할 때 둘레가 4,700척이던 것을 중종 7년(1512년) 둘레 5,489척으로 증축했으며 형태는 조선시대 일반적인 읍성 양식을 지녔다고 한다.

대정읍성은 서귀포시 대정읍에 있다. 태종 18년(1418년) 왜구의 침입을 막기 위해 축성한 것으로 성벽의 둘레는 1,614m이며 높이는 5.1m였으나 지금은 대략

400m 정도의 성벽만 남아 있다.

별방진성은 우도에 자주 침범하는 왜구를 막기 위해 중종 5년(1510년) 목사 장림이 구좌읍 하도리에 쌓은 성곽이다. 둘레는 약 724m이며 높이는 약 2m이다. 제주목 동쪽 끝에 위치한 진성으로 특별한 방어가 필요하여 별방이라고 하는데 성안으로 바닷물이 들어오게 축조되었다고 한다.

명월진성은 북제주군 한림읍 명월리 일대에 쌓은 성으로 둘레는 3,020척, 높이는 8척이었다고 한다. 원래 이곳에는 성이 없었으나 중종 5년(1510년) 왜구가 비양도로 배를 대고 침범할 것을 대비하여 목책을 쌓았다가 선조 25년(1592년)에 목사 이경록이 석성으로 개축하였다.

제주의 성곽 중에서 가장 역사적으로 잘 알려진 성은 항파두리성이다. 고려시대 삼별초군이 진도에서 몽고에 항거하여 새로운 왕을 옹립하였다가 여몽 연합군에게 패한 후 김통정 장군이 남은 병사를 이끌고 제주도로 들어와 쌓은 성이다.

제주 성읍은 지금 성읍민속마을이다

제주 성읍이라 불리는 성의읍성은 세종 5년(1423년) 정의현의 현청을 보호하기 위해 쌓은 석성이다. 형태는 정사각형에 가까운 모양으로 둘레 1km, 높이 [illegible]~[illegible]m로 동, 서, 남에 3개의 성문을 설치했다. 남문은 팔작지붕을 올린 정면 3칸의 문루가 설치되어 있으며, 지금은 성읍민속마을 주 출입구로 사용되고 있었다. 동쪽과 서쪽에도 성문이 있어 출입구로 사용되고 있었으며, 복원된 성벽은 남문을 중심으로 좌우로 길게 뻗어 있었다. 읍성의 형태를 띤 성읍의 남문에는 적의 침입으

일관헌. 현감이 집무를 보던 현청이다.

제주 성읍의 성벽과
성문의 문루

로부터 성문을 보호하기 위한 옹성이 만들어져 있었고 곳곳에 치를 만들어 놓았다. 재미있는 것은 성돌이 모두 구멍이 뻥뻥 뚫린 현무암으로 축성되어 성곽에도 제주도의 특색이 나타나 있었다.

제주 성읍 옹성은
직선으로 축성되었다.

남문을 들어서서 일직선으로 곧게 뻗은 길을 따라 올라가면 성의 북쪽에는 동헌이 있고, 중간에는 객사가 자리하고 있으며, 서문 쪽에는 정의향교가 자리하고 있었다.

동헌인 일관헌은 정의현감이 집무하던 청사로 정면 5칸 측면 3칸에 팔작지붕을 올린 건물이다. 처음에는 섬 동쪽인 성산면에 있었는데 왜구의 침입이 잦

기단석을 잘 다듬어
쌓은 제주 읍성 객사

아 지금의 위치로 옮겼다고 한다. 왜구가 자주 나타났다면 방비를 철저히 하여 백성을 보호해야 하는데 오히려 왜구를 피해 섬 안 쪽으로 도망온 것 같아 아쉬웠다.

객사는 지방관이 임금에게 정기적으로 초하루와 보름에 배례를 올리는 장소이며, 중앙관리가 내려오면 숙소로 사용한다. 또한 경로잔치나 연회를 베푸는 장소로 활용되기도 한다. 정의현 객사는 정청과 좌우의 익사로 구성되어 있었다. 정청은 잘 다듬은 3단의 기초석 위에 정면 3칸의 건물로 지어졌고, 좌우로 익사의 건물은 정청보다 한 단 낮게 건축되어 있었다.

정의향교는 대성문으로 들어가면 내삼문이 있고, 대성전과 명륜당이 있었다. 대부분의 향교 건물은 남향인데 동쪽을 향하고 있으며, 해마다 봄, 가을에 석전을 봉행하는 대성전과 수업 공간인 명륜당이 좌우로 나란히 배치되어 있었다. 향교 앞에는 송덕비가 가지런히 정렬되어 있는 모습이 인상적이었다.

성돌은 화산암인
현무암으로 축성하였다.

남문으로 나와 계단을 따라 성루에 오르니 현무암으로 축성한 성벽길이 펼쳐져 있다. 다른 성과 달리 울퉁불퉁하여 걷기가 좀 힘들었다. 성루에서는 사방으로 초가가 옹기종기 모여 있는 마을의 모습이 한 눈에 들어왔다. 제주도의 초가는 주로 일자형의 건물이었다. 지붕은 바람이 많은 지역이라 날아가지 말라고 새끼를 꼬아 바둑판처럼 묶어 놓았다. 그러다 보니 여기저기에 바둑판이 보였다. 그것도 햇빛이 비치니 황금색으로 빛나는 바둑판이었다.

제주 성읍은 순천의 낙안읍성처럼 관광 목적으로 민속마을로 복원되었지만 섬나라 제주에서만 볼 수 있는 독특한 문화와 풍물이 남아 있었다. 성읍에는 초가지붕으로 된 30여 채의 민가가 옹기종기 모여 있는 사이에 길이 만들어져 있었다. 걷다가 다리가 아플 쯤에 어김없이 고목 아래 쉼터를 만들어 놓아 아픈 다리를 쉴 수 있게 했다. 서문에는 돌하르방이 좌우로 서 있어서 답사객에게 이국의 정취를 선사하고 있었다. 더욱이 천연기념물로 보호되고 있는 느티나무, 팽나무

바둑판 초가지붕이 보이는 정감있는 성안 마을길

등은 복원된 마을의 경관을 고풍스럽게 만들어 주었고 유서 깊은 마을의 역사를 잘 말해주고 있는 것 같아 단순한 관광을 넘어 조상의 고단한 삶을 생각하게 만들어 주었다.

무장읍성 토성 성벽

동학농민운동의 시발지

고창 무장읍성

전라북도 고창군 무장면 성내리에 있는 무장읍성은 조선 태종 17년(1417년)에 쌓은 것으로 성의 둘레는 1.2km이다. 성에는 옹성을 두른 남문과 동문이 있었다고 하나 지금은 흔적만 남아 있다. 성내에는 객사, 동헌, 진무루가 남아 있다. 사적 제 346호이다.

출처 무장읍성 안내판

읍성 형태의 방어시설

바다와 맞닿아 있는 서해안은 왜구들의 침략을 많이 받았다. 그래서 현감이 집무하는 동헌은 읍성 형태의 방어시설을 갖추어 침략에 대비했다. 전라북도 고창도 서해안과 접하고 있어 왜구에게 피해를 많이 본 지역이었다.

고창은 고창, 무장, 흥덕이 합쳐서 군이 되었는데 이 중에 무장은 백제시대 때 송미지현과 상로현으로 나뉘어 있다가 조선 태종 때 두 현을 합쳐 진을 설치하였고, 무장읍성을 쌓았다. 그 후 세종 5년에는 종 3품 첨절제사를 배치시켜 이 지역을 다스리게 했다.

성안 건물지가 있었던 곳으로 멀리 동헌인 취백당이 보인다.

지금 고창에는 읍소재지에 고창읍성이 있고, 면소재지에는 무장읍성이 있는데 아직까지 무장읍성의 존재를 모르는 사람이 많다. 아무래도 교통이 편하고 인구가 많은 곳의 문화재가 알려지는 것은 당연해서인지 무장읍성은 항상 한산하다.

옛날에 두 읍성을 쌓을 때 무장읍성은 남자가 쌓고, 고창읍성은 여자가 쌓으면서 누가 먼저 쌓는지 내기를 했다고 한다. 여자들의 능력을 얕잡아본 남자들이 놀면서 무장읍성을 쌓는 동안 여자들이 쉬지 않고 성을 쌓아 고창읍성이 먼저 세워졌다고 한다. 이에 화가 난 남자들이 무장읍성을 쌓다가 그만 둬서 지금도 미완성이라는 이야기가 전해져 내려오고 있다. 고창읍성이 무장읍성보다 큰 이유가 바로 이 옛날이야기 때문이라지만 어쩐지 전해져 내려오는 이야기인 것 같다는 생각이 강하게 든다.

전라도내의 승려와 백성을 동원하여 축성하다

무장읍성은 조선 태종 17년(1417년)에 쌓은 것으로 길이는 약 1.2km이다. 전라도의 승려와 백성 2만 여명을 동원하여 둘레 1,470척, 높이 7척의 성벽을 쌓고, 성 위에 높이 1척짜리 여장 471개를 만들었으며, 옹성을 갖춘 남문과 동문 그리고 북문을 세웠다고 전해진다. 지금 남아 있는 남문의 문루인 진무루는 전면 3칸, 측면 2칸의 건물로 옹성과 함께 복원되었고, 동문은 터만 남아 있다. 북쪽 성벽과 동쪽 성벽은 3~4m 높이의 토성이 남아 있고, 남쪽은 진무루 주위에 돌로 쌓은 성벽이 남아 있다. 성 안에는 동헌, 객사 등 건물이 옛 모습 그대로 자리를 지키고 있고, 성 주위를 둘러싼 물길인 해자는 그 흔적만 남아있다.

옹성을 다시 축성하여 새로 복원한 모습

읍성의 규모에 비해 커 보이는 무장읍성 객사

무장읍성 객사는 '송사지관'이란 현판을 달고 있는데 이 이름은 무송현의 송자와 장사현 사자를 가져와 지었다고 한다. 그러니 무장이라는 현의 이름은 앞 자를 가져 왔고 송사라는 객사의 이름은 뒷자를 가져다 쓴 것이다. 객사는 관리나 사신의 숙소인데 일제시대 때는 면사무소 건물로 사용되었다고 한다.

수령이 정무를 보던 동헌인 취백당은 정면 6칸 측면 4칸의 팔작지붕을 올린 건물로 다른 읍성의 동헌에 비해서는 작고 아담하여 관청이라기보다는 사대부집 사랑채와 같은 느낌을 받았는데 이 건물 역시 일제시대 때 학교 건물로 사용했다고 한다.

동학농민운동의 시발지 무장읍성

무장읍성은 동학농민운동의 시발지로도 알려져 있다. 1894년 4월 전봉준은 김기범, 손화중, 최경선 등의 동학접주들과 함께 이곳 무장현에 모여 탐관오리를 몰

무장읍성 발굴 현장

아내고 보국안민하겠다는 동학농민운동 창의문을 발표하였다.

이 창의문으로 농민들에게 과감히 봉기할 것을 요청하자 근방의 10여 읍에서 이에 호응하여 10여 일 만에 1만여 명이 모여들었다. 동학교도와 농민과의 결합은 이때부터 비롯되었고, 전봉준은 동학농민군의 지도자로 봉기의 앞장에 서게 되었다. 지금도 4월에는 동학농민 무장기포 기념제 및 무장읍성 축제를 이곳에서 연다. 이 축제는 동학농민운동 당시 무장읍성 무혈 입성을 기리기 위한 행사로 혁명군 진격로 걷기 등 다양한 행사가 펼쳐진다.

부서진 성벽을 발굴하는 모습

거북이 고개를 돌려 놓은 송덕비

아직도 발굴 작업이 끝나지 않은 무장읍성

무장읍성은 무척 아담했다. 산성이 산을 중심으로 능선과 계곡에 성을 축성하여 거대한 것과 비교해 볼 때 무장읍성은 평지에 쌓아 성곽은 돌담이나 흙담과 같고 남문인 진무루는 그리 크지 않아 성문이라는 웅장함은 없었다.

성 안에는 아직도 발굴이 끝나지 않아 여기 저기 파헤쳐져 있었고, 석재들은 흙을 덮어쓰고 있었으며, 깨진 기와와 토기가 여기저리 눈에 띄었다. 옛날에는 목민관이 상주하는 곳으로 성안에는 많은 건물이 있었을 텐데 소나무에 둘러싸인 무장객사와 동헌만 남아 있어 무척 아쉬웠다. 가지를 내려뜨린 고목들만이 무장읍성의 연륜을 알 수 있게 해 주었다.

무장객사 옆으로 열일곱개의 송덕비가 있는데 각처에 흩어져 있는 것을 한데 모아놓았다고 한다. 송덕비 안내문을 읽다보니 재미있는 내용이 있었다. 현감의 비석을 올려 놓은 거북이 머리가 비틀어진 것이 있는데 이렇게 모양을 변형시킨 것은 백성들이 송덕비를 세워 주면서도 현감에게 미운 구석이 있어서 일부러 그랬다는 것이다. 답사를 간다면 꼭 거북목이 비틀어진 비석을 찾아보기 바란다.

송덕비 마지막에 쇠로 만들어진 철비가 있었다. 조선 후기에 만들어진 비로 몇 개 남지 않은 귀중한 문화유산이다. 다른 철비는 일제시대 때 군수용으로 쓰기 위해 뽑아 갔다고 한다. 남의 나라 문화재를 마구 빼앗아간 것을 보니 나라를 빼앗긴 서러움은 이루 말할 수 없을 정도로 심했다는 생각이 머리를 스쳐갔다.

학생들의 문화재 체험 행사

무상읍성 답사 날 매우 흥미로운 행사가 펼쳐지고 있었다. 읍성 주위에 초등학생으로 보이는 아이들이 선생님으로부터 읍성에 대해서 설명을 듣고 있었다. 성안 공터에는 무장읍성에 대한 자료를 잘 정리하여 보여 주고 있었다. 알고 보니 문화재연구소 주최로 문화재 체험 행사가 열리고 있었다.

안내 자료에 보니 주제가 무장읍성 발굴현장 탐방 및 문화재 체험이었다. 유치원과 초등학생 대상으로 하고 있는데 프로그램이 매우 알차고 재미있게 짜여 있었다. 발굴 현장에 복제품 유물을 땅 속에 묻어 놓고 실제로 발굴을 해보는 발굴조사 체험하기 코너는 자라나는 아이들에게 문화재 발굴의 어려움을 알게 하여 작은 문화재라도 소중하게 여기는 마음을 갖게 지도하고 있어서 유익한 프로그램이라는 생각이 들었다.

또한 흩어져 있는 조각 유물을 모형 틀에 맞추어 원래의 유물 모습을 찾아보는 코너는 유물의 원래 모습을 알게 하여 어느 시대 무슨 문화재인지 학교 역사 수업을 받을 때 기초 지식이 될 수 있도록 지도하는 모습도 보였다. 조각 유물 및 조각 그림 맞추기 놀이가 있고, 유물 탁본 및 민속놀이를 체험한 후 마지막으로 석고 복제품 색칠하기로 끝을 맺게 계획되어 있었다. 이곳에서 문화재 체험을 한 아이들이 우리 문화재의 우수성과 소중함을 배워 우리 역사와 문화를 세계에 알리는 첨병 역할을 했으면 하는 생각이 들었다.

무장읍성 내에는 포크레인으로 여기 저기 파헤쳐 놓았고 비가 와서 물이 고인 곳도 있어 어수선했지만 어린 학생들이 고사리 같은 손으로 작은 삽과 붓을 가지고 진지하게 땅 속 유물을 찾는 모습은 참 보기 좋았다. 어린 학생들의 호기심과 흥미를 유발시켜 더 높은 교육적 효과를 얻기 위해 아직 끝나지 않은 발굴 현장을 역사체험 교육의 장으로 만들어 행사를 진행한 문화재 연구소 관계자가 고맙게 느껴졌다.

발굴체험 프로그램

세월이 지나 덩쿨에게 자리를 빼앗긴 성벽

조선 말기 의병 운동의 본거지

홍성 홍주읍성

충청남도 홍성군 홍성읍 오관리에 있는 홍주성은 최초의 축성시기는 알 수 없으나 고려시대 백월산 중턱에 위치해 있던 해풍현이 현재 위치로 옮겼다는 기록으로 보아 이때 성을 축조한 것으로 추측된다. 성의 길이는 1,772m였으나 지금은 810m만 현존한다. 사적 제 231호이다.

출처 홍주읍성 안내판

전쟁의 소용돌이에 빠진 홍성

홍성은 서쪽으로 바다와 접해 있고, 북쪽으로 덕숭산과 용봉산이 있으며, 남쪽에는 오서산이 있다. 바다와 산과 들이 어우러진 내포의 중심지이며, 예부터 역사와 문화가 살아 숨쉬고, 애국지사가 많이 탄생한 충절의 고장이기도 하다. 그리고 충청남도 도청이 이곳으로 이전하면서 도청소재지로서 지역적 위상이 한 단계 상승하였다.

홍성은 고려 때 운주로 불렀고, 다시 홍주로 고쳤다. 고려 말에 목으로 승격하였고, 조선시대에는 여러 차례의 변혁을 거쳐 1895년에 군이 되었으며, 1914년 옛 결성군을 합쳐 홍성군이 되었다.

홍성 부근에서는 크고 작은 전쟁들이 많이 일어났다. 고려 건국 초기에는 후백제와 이 지역에서 다툼이 잦았다. 고려 태조 10년(927년)에는 후백제군을 격파하였고, 934년에는 견훤이 또 쳐들어오자 유금필 장군이 기병 5,000명을 출전시켜 후백제군 3,000명을 죽이거나 사로잡았다.

공민왕 13년(1370년)에는 왜구가 이곳을 침략하여 약탈하였고, 우왕 3년(1377년)에는 왜구가 다시 쳐들어와 홍주읍성을 불태우고 목사의 처를 죽이는 일이 벌어졌다.

이렇듯 오랜 세월동안 전쟁의 소용돌이 속에서도 목숨을 이어온 백성들은 그들의 삶이 강인해 졌을 것이다. 그래서 나라가 위급할 때 자기 목숨을 초개와 같이 버린 위인들이 많이 태어났을 것이라는 생각이 든다.

왜구의 침입을 대비한 홍주읍성

서해안은 항상 왜구의 침입으로 성을 쌓고 대비하였는데 홍주읍성도 그런 목적으로 축성하였다. 조선 세종 때에 처음 쌓기 시작하여 문종 1년에 새로 고쳐 쌓았다. 당시 성의 규모는 둘레가 약 1.5㎞, 높이는 약 3.3m이며 문은 4개가 있다. 여장, 적대 등의 여러 시설이 설치되었으며, 성안에는 우물 2개가 있었다고 한다.

홍주읍성은 현재 800m 정도 남아 있다. 동쪽 성벽은 길이 250m, 높이는 대략 4~5m로 비교적 높은 편인데 부분적으로 복원된 것으로 보였다. 성벽은 기단석을 놓고 그 위로 성돌을 쌓았다. 성벽은 15단~20단 정도이며, 동쪽 성벽과 남쪽 성벽이 만나는 지점에 치성을 쌓았다. 서쪽 성벽은 약 300m 정도로 길게 남아 있다. 25단~30단 정도로 거의 수직의 형태를 이루고 있으며 정으로 다듬은 돌로 쌓았다. 조선 말 이 성벽 밖으로 천주교 순교자의 시신을 버렸다고 한다. 지금은 시신이 버려졌던 곳에 잔디를 깔고 홍성이 낳은 위인들의 흉상을 만들어 놓았다.

조양문은 홍주읍성의 동문으로 4대문 중에 유일하게 남아 있다. 문루는 정면 3

홍주읍성 동문인 조양문. 길거리에 홀로 외롭게 서 있다.

칸, 측면 2칸으로 규모는 작지만 팔작지붕에 다포식 건물로 화려해 보였다. 성문은 홍예 모양을 하고 있고, 물받이에는 연꽃을 조각하여 얼마나 정성들여 건축했는지를 가늠할 수 있었다. 조양문은 통행을 가장 많이 하는 문으로 원래는 옹성이 있었다고 하나 지금은 찾을 수 없었다. 1975년에 완전히 해체되었다가 다시 복원했다고 하는데 홍예 부근은 옛 돌이고 나머지는 새 돌로 쌓아 그 경계가 분명히 나타나고 있다. 성벽은 없어지고 성문만 사거리 도로 한가운데 덩그러니 서 있어 자동차들이 돌아서 다니는 모습을 보니 안타까운 마음이 들었다.

충절의 고장 홍성

홍성은 충절의 고장답게 의병이 일어난 곳으로도 유명하다. 홍주 의병은 두 차

홍주읍성 수성기적비

례 거병을 했다. 1차 의병은 1895년에 명성왕후가 일본 낭인들에게 살해당한 을미사변과 단발령으로 일어났으며, 2차 의병은 1905년 을사늑약에 격분하여 일어났다.

제 1차 홍주 의병은 홍주 유생들의 반일 투쟁에서 시작되었다. 국모가 살해당하는 일이 벌어지자 군사 활동을 원칙으로 정하고 의병을 모집하고 무기를 수집하는 등 의병활동을 시작하였다. 그 해 11월에 또 단발령이 내려지자 신체의 일부는 부모님께서 주셨다는 효사상을 갖고 있던 유생들이 일본과 매국적 개화파를 처단하기 위해 홍주로 모여들었다. 전직 고관들도 앞장선 홍주 의병은 홍주와 주변 지역에 격문을 돌려 각 집에서 1명씩 의병에 참여하길 요청하였는데 집집마다 사신해서 목숨을 걸고 의병에 참여하였다. 그러나 처음에는 의병에 참여했던 관찰사가 성공하지 못하리라는 걱정 때문에 배반하여 1차 홍주 의병은 실패로 돌아가고 말

2m에 가까운 장초석이 장중한 멋을 풍기는 홍주아문

았다.

제 2차 홍주 의병은 강제로 체결된 을사늑약에 격분하여 일어났다. 처음에는 상소의 방법으로 개화와 일제의 침략을 규탄하였고, 을사 5적을 성토하였지만 또 다른 세력은 의병 봉기를 추진하였다.

1906년 부대 편성을 마친 홍주 의병은 지금의 예산군 광시면에서 무장 의병의 깃발을 높이 들어올렸다. 처음에는 관군과 일본군에게 패하였지만 재기하여 천여 명의 의병이 홍주성을 공격하여 일본군을 성 밖으로 쫓아내는 성과를 거두었다.

홍주성에서 패한 일본군은 공주에서 병력을 지원 받아 홍주성을 공격하였으나 실패로 돌아갔다. 아무래도 지역의 주둔 병사들로 홍주를 탈환하기 어렵다고 생각한 일본군은 3개 중대와 기병 1개 소대, 기관총 등 중무장한 병력으로 홍주의병을 공격하였다.

3일간의 치열한 전투 끝에 신무기의 위력에 눌린 홍주 의병은 결국 패하고 말았다. 의병활동은 비록 실패로 끝났지만 을사의병 중에서 가장 강력한 저항을 하여 역사에 길이 남아 있다. 이 때 희생된 수백 명의 의병은 홍주의사총에 잠들어 있다.

지금도 남아 있는 유적들

홍주읍성 내 지방관의 휴식터 여하정

홍주성 외벽을 돌아가면 홍주아문과 동헌이었던 안회당 그리고 조그만 연못에 육각형 모양의 여하정이라는 정자가 있다.

홍주아문은 관청의 출입문으로 솟을대문으로 일자형의 건물이다. 규모는 정면 5칸으로 다른 아문이 주로 3칸인 비해 컸다. 입구 문기둥에 2m 가까운 장초석을 세워 장중한 멋이 있다.

작은 연못 가운데 서 있는 육모지붕의 정자 여하정은 주변에 가지를 늘어뜨린 고목과 어울려 동양화와 같은 운치를 나타냈다. 잔잔한 연못 수면에 여하정 반영은 또 하나의 여하정이 물속에 세워진 것 같은 착각을 불러일으켰다.

성벽 근처에는 홍주 관기의 아들로 태어난 손곡 이달의 시비가 있다. 이달은 시 쓰는데 천재적인 재능을 발휘하여 삼당시인의 한 사람으로 칭송을 받았으나 서자이기에 관직엔 나가지 못하였다. 그는 우리가 잘 알고 있는 여류시인 허난설헌의 스승이기도 하다.

시골 밭집 젊은 아낙네 저녁거리 떨어져
비 맞으며 보리 베어 숲 속으로 돌아오네
생나무에 습기 젖어 불길마저 꺼지도다.
문에 들자 어린 아이들 옷자락 잡아다리며 울부짖네

조선 중기 사화와 당쟁으로 나라가 피폐해지고, 임진왜란 등의 전란으로 어수선한 시대적 상황에서 어려운 삶을 살았던 백성들의 모습이 잘 나타난 시이다.

홍주읍성은 성돌 사이로 돋아난 이름 모를 작은 풀들이 슬픈 역사를 이겨낸 모습으로 햇빛 쪽으로 몸을 돌려 자라고 있었다. 잘 관리한 잔디밭에 서 있는 사육신 성삼문과 독립투사 김좌진 장군의 동상을 물끄러미 바라보았다. 우리나라가 많은 외침 속에서도 끈질기 나라를 지킬 수 있었던 것은 바로 나라를 사랑하는 위인들과 명예나 개인의 이익보다는 오직 나라를 사랑한 민초들이 있었기에 가능했으리라는 생각을 하면서 발길을 돌렸다.

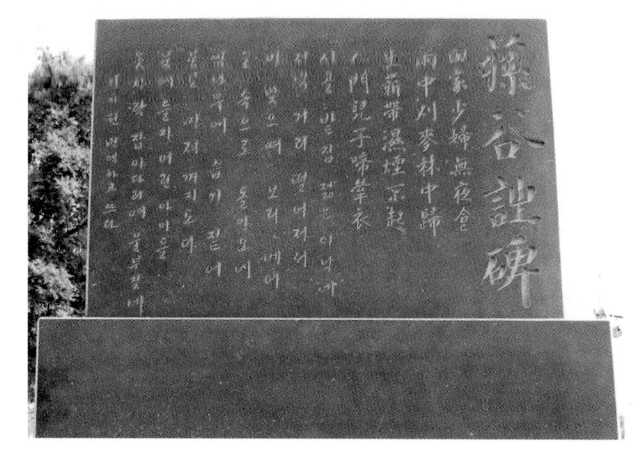

손곡의 시비. 당시의 어려운 삶을 시로 승화시켰다.

성곽 답사 여행

성곽이 지켜낸 역사를 따라 걷는 길

지은이 **임영선**

펴낸이 **최병식**

펴낸날 2015년 3월 1일

펴낸곳 **주류성출판사**

서울특별시 서초구 강남대로 435 (서초동 1305-5)

TEL | 02-3481-1024(대표전화)

FAX | 02-3482-0656

www.juluesung.co.kr | juluesung@daum.net

값 17,000원

잘못된 책은 교환해 드립니다.

ISBN 978-89-6246-229-6 03980